U0137937

ANCIENT AND NOTABLE TREES OF CHINA

TOP 100 ANCIENT TREES
TOP 100 ANCIENT TREE CLUSTERS

中国古树名木

"双百"古树

全国绿化委员会办公室　国家林业和草原局　主编

中国林业出版社
China Forestry Publishing House

前言

古树名木不是热词，却有足够的热度，尽管忽地谈起，多数人会陷入短暂的沉默。

片刻思考过后，当记忆被唤醒。我们意识到，古树名木就在身边，从未远离。它们或扎根于青山绿水，或驻足于城市街巷，或矗立于古寺名刹，或守望于名园名陵。

人类从森林走出，从最初的浑然一体，到一度彼此疏离，再到重新相向而行，关系在不断变化，但无论距离远或近，森林对人类的馈赠都从未停止。我们的视线从根茎、果实、薪柴和猎物投向了氧气、水源、气候和生态。

跳出实用的视角，我们更愿意相信，古树名木是森林在给人类腾出更多生存空间的过程中，有意遗落在人群近旁的智者。它们是信使和纽带，时刻提醒我们，人与森林、人与自然该有的态度。

古树名木生活在人群近旁，它们的存在有赖人的参与，双方的互动不乏精彩。有人的地方就有故事，有人的地方就有文化。千年之树，万世之华。古树名木不仅是自然的奇迹，也是历史、文化、科学、经济、景观等多种功能的承载者，它们既是塑造者、见证者，又是记录者、讲述者。

古树名木身上，有科学的密码。年轮是时间的讲述，树皮是生命的篇章，树体承载了漫长的生命历程。它们述说着自然世界的奥秘，诠释着生态系统的微妙平衡，引导人类到生态学、地质学等自然科学的更深领域探索。

古树名木身上，有文化的印记。民间传说在叶间低语，神话故事在枝头徘徊。它们的虬枝老干、嫩芽新梢是诗画的灵感源泉，是文人墨客的吟咏对象。中华民族对古树名木的喜爱与呵护，已成为一种精神传统与生活方式。

古树名木身上，有经济的属性。旅游业、文创产业围绕它们蓬勃发展，它们就此成为连接过去与未来的绿色纽带，成为新时代的绿色金库。

加强古树名木保护，对于保护自然与社会发展历史，弘扬先进生态文化，推进生态文明和美丽中国建设具有十分重要的意义。习近平总书记高度重视古树名木保护工作。在四川广元古蜀道上的翠云廊，习近平总书记嘱咐当地负责同志，要把古树名木保护好，把中华优秀传统文化传承好。

据第二次全国古树名木资源普查，古树名木共计 508 万余株，包括散生 122 万余株、群状 386 万余株。本书选定和收录了全国各地 100 株最美古树，包括古银杏、古松树、古侧柏、古柏木、古杉木、古樟树、古楠树、古槐树、古榕树、古榆树等，还展示了 100 个兼顾代表性和地域性的最美古树群。

读者翻看本书，不仅可以欣赏古树名木之美，还能学习知识、阅读历史，更能了解各地保护古树名木的典型做法。古树名木是人与自然和谐共生的现实样本，相信，当你看到人与古树名木相邻相伴的温暖场景时，会对古树名木得出自己的理解。

古树无言，静候一代又一代人阅读。本书选定的"双百"古树，只是散落在中华大地茂密丛林里的一小部分，还有更多的树木和故事等待着你我去探索和发现。

编者

2023 年 11 月

编委会

主　　　任：徐济德

副 主 任：张　炜

编　　　委：刘丽莉　潘　兵　张朝晖　陈晓荣　章升东

主　　　编：张　炜

副 主 编：刘丽莉

执 行 主 编：张朝晖

执行副主编：魏　玮　陈晓荣

编　　　辑：丁　一　张泽国　林　晶　王　琪　暴　甜　张亚敏　李晓梅

　　　　　　徐润飞　矫松原　许云飞　郭建军　马　兰　刘亚楠

图片及文字支持：各省、自治区、直辖市、新疆生产建设兵团绿化委员会办公室等有关单位

封面摄影：杨树田

中国古树名木

「双百」古树

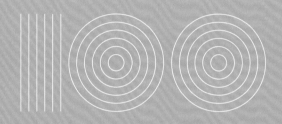

100 株最美古树
TOP 100 ANCIENT TREES

❀ 最美古银杏 ❀

古银杏

- 银杏是最古老的树种之一，是几亿年前冰川运动后遗留下来的裸子植物，被视为植物界"活化石"。

- 三国时期江南一带已有栽植，宋代以后黄河流域普遍栽植。

- 宋代葛绍体的《晨兴书所见》曾记载"满地翻黄银杏叶，忽惊天地告成功。"它们金黄璀璨翻飞了数千年，记录着历史和传说，点缀着岁月和记忆。

- 名胜古迹、庙宇、庭院，银杏的身影无处不在。

- 于是，有的地方因银杏而美丽，有的地方因银杏而扬名……

秋末，银杏树满树金黄，金叶映衬着佛寺的琉璃顶，更显宏伟庄严。为保护古银杏，北京市园林绿化部门采取了针对性保护、复壮措施，设有专管人员、专业养护队伍，对古树进行日常养护和精细化体检，帮助古树更加茁壮成长。此外，为更好地保护与延续古树基因，北京市园林绿化部门特意采集、保存并培育了帝王树的幼苗，至今已初见葱郁。

潭柘寺帝王树
北京门头沟

树种

中文名 / 银杏
拉丁名 / *Ginkgo biloba*
科 / 银杏科
属 / 银杏属

数据

树龄 / 约 1300 年
胸（地）径 / 2.96 米
树高 / 24 米

位置

北京市门头沟区潭柘寺风景区

潭柘寺位于北京市门头沟区，是北京著名的寺庙，也是北京地区第一座佛教寺庙，素有"先有潭柘寺，后有北京城"之说。这株"帝王树"是一株银杏树，树龄约 1300 年，位于潭柘寺毗卢阁石阶下东侧，由清代乾隆皇帝赐名，曾被评为北京"最美十大树王"。

帝王树树形优美，生长旺盛，冠大荫浓。清代富察敦崇在《燕京岁时记》中写道："庙在万山中，九峰环抱，中有流泉，蜿蜒门外而没。有银杏树者，俗曰帝王树，高十余丈，阔数十围，实千百年物也。其余玉兰修竹、松柏菩提等，亦皆数百年物，诚胜境也。"由此可明确清朝时期"帝王树"的样貌及生长环境。

▶ 杨树田 / 摄

山东莒县
定林寺银杏树王

▲ 浮来山风景区 / 提供

树种

中文名 / 银杏
拉丁名 / *Ginkgo biloba*
科 / 银杏科
属 / 银杏属

数据

树龄 / 约 3700 年
胸（地）径 / 4.84 米
树高 / 26.7 米

位置

山东省日照市莒县浮来山街道浮来山风景区
定林寺

定林寺始建于南北朝，距今已有 1500 多年，寺中有一株古银杏，参天而立，远看其形如山丘，龙盘虎踞，气势磅礴，冠似华盖；树下古碑林立，诗词萃集，留下了许多先人的题咏纪略。

据树前立于清朝顺治年间的碑文记载：春秋时期，莒鲁两国不和，纪国国君从中调解，莒鲁两国国君于鲁隐公八年（公元前 715 年），会盟于此树下。后世称此为"大树龙盘会诸侯"。《左传》记载："鲁隐公八年，九月辛卯，公及莒人盟于浮来"，也是指莒鲁两国国君在此银杏树下，结盟修好一事。我国古代文学理论批评家刘勰晚年在此遁迹藏书校经，写出了我国第一部文学评论巨著《文心雕龙》。

▶ 浮来山风景区 / 提供

▲ 潍坊市城顶山生态旅游区管理处 / 提供

夫妻银杏树
山东安丘

两树历经千年风雨，至今枝繁叶茂，郁郁葱葱。树冠宽大苍翠，纵横交错，遮盖面积 700 多平方米。两树东雄西雌，比肩而立，根相连、枝相交，宛如夫妻。据专家考证，这两株树是"全国最老的夫妻树"，故有"天下第一夫妻树"之誉。雄树开花、雌树结果，雄树树身粗糙，雌树树身细腻。

公冶长书院是山东省级非物质文化遗产"公冶长传说"的发源地，围绕公冶长与古银杏衍生出许多美丽的传说，至今流传不衰。当地群众视古银杏为风调雨顺的守护神，20 世纪 90 年代就为其安装了护栏。自公冶长书院作为景区开放之后，景区管理处规范了古树保护的方式，引入地下水，安装了监控系统，由专人看护并记录其生长情况。

树种

中文名 / 银杏
拉丁名 / *Ginkgo biloba*
科 / 银杏科
属 / 银杏属

数据

树龄 / 约 2000 年
胸（地）径 / 2 米
树高 / 30 米

位置

山东省潍坊市安丘市石埠子镇孟家旺村公冶长书院

　　公冶长书院，地处古齐鲁交界处，文化遗迹众多，因孔子的高徒、佳婿公冶长曾在此读书讲学而得名。书院内两株古银杏，相传是孔子当年来看望新婚女儿时，与公冶长夫妇共同亲手所植。

▲ 朱兆友 / 摄

古银杏

湖北安陆

树种

中文名 / 银杏
拉丁名 / *Ginkgo biloba*
科 / 银杏科
属 / 银杏属

数据

树龄 / 约 3000 年
胸（地）径 / 2.42 米
树高 / 37.8 米

位置

湖北省孝感市安陆市王义贞镇钱冲村周家祠堂南山坡

"虚怀若谷"古银杏位于安陆市王义贞镇钱冲村周家祠堂南山坡，历经 3000 年风霜雨雪，依然枝繁叶茂，硕果累累，2021 年被评为"湖北最老古树"。

古银杏树腰粗数围，树干被火烧干后呈现出空心状，基部有一个大洞，整体树形如大肚弥勒佛，得名"虚怀若谷"。古树 11 个主枝张开形如巨伞，冠幅百余平方米；初冬时节，金黄银杏叶飘落一地，蔚为壮观。树洞内又萌生一株小银杏树，形成"树腹生子"奇观。古树每年结果数百千克，系梅核品种，号称"梅核王"。

在抗战时期，新四军曾来到钱冲，经过三战坪坝等战役，给气焰嚣张的日寇迎头痛击。日军恼羞成怒，拿老百姓赖以为生的银杏树泄愤，点火焚烧这株古银杏树。古树虽烧了两天两夜，但仍枝叶葳蕤。钱冲保卫战胜利后，新四军在祝捷大会上命名这株树为"英雄树"，其顽强的生命力彰显出中华民族坚贞不屈的气节。

安陆市对"虚怀若谷"古银杏实行重点管护，加强古树根系及树周土壤保护，促使古树复壮，守住了"绿色瑰宝"。

▲ 池云华 / 摄　　　　　　　　　　　　　　　　　　　　　　▶ 池云华 / 摄

▲ 池云华 / 摄

银杏王 湖南东安

古树主干中空，只剩树皮裹身，依旧枝叶繁茂。据记载，明末清初时这株银杏树曾遭雷击，树干被拦腰击断。但古树坚韧的身躯抵挡了风雪的侵袭，其分枝持续生长，形成了多树干聚集的形态，保持了蓬勃的生长态势。

每到果实成熟的时候，全村老少择吉日如欢庆节日般聚集，采摘分享白果。村民也视其为"神树"，以求吉祥昌瑞。

树种

中文名 / 银杏
拉丁名 / *Ginkgo biloba*
科 / 银杏科
属 / 银杏属

数据

树龄 / 约 2500 年
胸（地）径 / 3.84 米
树高 / 25 米

位置

湖南省永州市东安县南桥镇寺门马皇村

古银杏生长在南桥镇寺门马皇村五组罗汉山。据考证，此树为春秋战国时期古越人所栽种，距今约 2500 年，树高 25 米，冠幅东西 20 米、南北 22 米，2017 年获评"湖南银杏王"。

▲ 张卫东 / 摄

▲ 蔡小平 / 摄

湖南新化
熊山寺古银杏

熊山寺古银杏位于新化县大熊山国家森林公园大礼村境内，树龄约 1600 年，树高 22 米，胸围 9.53 米，平均冠幅 16.5 米。古树临宝刹，瞰熊山，历史久远，为公园镇山之宝，2017 年被评为"湖南最美古树"。

相传乾隆皇帝下江南，登熊山，入古寺，观树之雄伟，命人合抱，以知树之大小，需四人方可。帝曰：此乃中华银杏之王也！随即雅兴大发，提笔赋联："十里屏开独标清胜，熊峰鼎峙半吐精华"，横批"山水清音"。

树种

中文名 / 银杏
拉丁名 / *Ginkgo biloba*
科 / 银杏科
属 / 银杏属

数据

树龄 / 约 1600 年
胸（地）径 / 3.04 米
树高 / 22 米

位置

湖南省娄底市新化县大熊山国家森林公园

▲ 大熊山林场 / 提供

▶ 大熊山林场 / 提供

17

▲田 亮／摄

▲ 田 亮 / 摄

贵州福泉
千年银杏王

树种

中文名 / 银杏
拉丁名 / *Ginkgo biloba*
科 / 银杏科
属 / 银杏属

数据

树龄 / 约 3000 年
胸（地）径 / 4.79 米
树高 / 50 米

位置

贵州省黔南布依族苗族自治州福泉市马场坪街
道办事处鱼酉村

　　位于鱼酉村李家湾组的这株千年古银杏系雌株，树龄约 3000 年，树冠覆盖 600 余平方米。古树坚韧挺拔，枝叶繁茂，数里外便可看到它的婆娑风姿。据中国科学院植物研究所的资料记载，这是地球上现存最大的一株银杏树，"银杏王"因其树龄最高、树洞最大，于 2001 年载入"上海大世界基尼斯"纪录。

　　古银杏从根部到树干 5 米多的一段曾遭雷击烧空，但并不影响古树生长，枝叶依旧茂密。每年秋冬交替之际是其最佳观赏时节，满地的金黄，引无数游人到此观赏游玩。

　　2014 年以来，福泉市多次组织古树专家为古树"问诊把脉"，通过病腐枝修剪、树洞修补、支撑加固、设置护栏以及环境景观改造等一系列保护措施，对古树进行了复壮保护，目前古树长势良好。

天师银杏 四川青城山

树种

中文名 / 银杏
拉丁名 / *Ginkgo biloba*
科 / 银杏科
属 / 银杏属

数据

树龄 / 约 1900 年
胸（地）径 / 2.5 米
树高 / 37 米

位置

四川省成都市都江堰市青城山镇青城山天师洞

　　天师银杏位于青城前山景区"第五洞天"道观中，因传此树为东汉张天师亲手种植而得名。该树占地面积约 25 平方米，树高 37 米，冠幅平均 25 米，胸径 2.5 米，需五六人牵手才能围拢。树身长满了钟乳（树笋），色泽如墨，形态奇异，树干如巨伞撑开，覆盖住层叠的道观屋檐，枝丫如凤舞龙蟠，横盘错落有致，观赏价值极高。天师银杏 2004 年被评为"天府十大树王"，2006 年被评为"成都市十大古树名木"。

　　相传，张天师在青城山上盘坐，随手插下一枝银杏枝条，枝条瞬间长成了枝繁叶茂的大树。后来，唐代孙思邈、杜光庭相继在此修道。如今，天师银杏如塔耸立，气势雄浑磅礴，成为青城山的"镇山之宝"之一。

　　天师银杏一直受到当地百姓的自发保护，虽历经战火仍傲然挺拔。每逢传统节气，周边百姓会到树下祈福，为枝丫系上红色丝带，寄寓着人们对美好生活的向往。

▶ 曾岷 / 摄

陕西留坝
古银杏

树种

中文名 / 银杏

拉丁名 / *Ginkgo biloba*

科 / 银杏科

属 / 银杏属

数据

树龄 / 约 3300 年

胸（地）径 / 3.25 米

树高 / 30 米

位置

陕西省汉中市留坝县玉皇庙镇石窑坝村

▲ 余晓斌 / 摄

留坝古银杏树地处秦岭深处中国最美乡村公路高江路的东端留坝县玉皇庙镇石窑坝村。此树树干底部中空，形成直径约 3 米大小树洞，可容纳多人。

相传当年周文王南下，经此地看到千年古树风采，称其为"神树"，并亲自为其培土。

为了更好地保护银杏古树，2007 年以来，留坝县林业局筹资修建了保护设施，并派有专人看护。经过多年的复壮措施，千年银杏展现出极强生命力，侧枝繁茂，树冠覆盖面积也越来越大，犹如耄耋老人儿孙绕膝，正可谓"公孙树"。

▲ 纪 明 / 摄

甘肃徽县
银杏树王

▲ 李春荣 / 摄

▲ 李春荣 / 摄

树种

中文名 / 银杏
拉丁名 / *Ginkgo biloba*
科 / 银杏科
属 / 银杏属

数据

树龄 / 约 2000 年
胸（地）径 / 3.4 米
树高 / 24.6 米

位置

甘肃省陇南市徽县银杏树镇银杏村下街庙旁

徽县"古银杏树群落"拥有众多天然银杏树，银杏树镇银杏村下街庙旁，有一株约 2000 年的银杏树王，其树干粗壮，尽管经过千年岁月沧桑的洗礼，古树却一直枝繁叶茂，朝气蓬勃。

据传，公元 317 年，仇池国右贤王率部曲入河池（今徽县），立王城于姜瞻镇，因其路口有银杏古树，遂将姜瞻镇易名为银杏镇。南宋初，宋西路军吴玠建幕府于固镇，遂将县置移于银杏镇。

周围百姓历来倍加爱护这株古树，称其为"九天神树"。

❧ 最美古松树 ❧

古松树

- 松，"百木之王"，有两针一束、三针一束、五针一束；有油松、白皮松、黄山松，不管是哪一种，都有坚韧顽强之意。

- 松，也代表着阳刚，它的枝干优美，柔中有刚；它的松叶青翠欲滴，清新脱俗。

- 冰凌霜欺，不改其姿，松象征着不屈不挠。

- 唐人白居易《和答诗十首·和松树》云："亭亭山上松，一一生朝阳。森耸上参天，柯条百尺长……岁暮满山雪，松色郁青苍。彼如君子心，秉操贯冰霜……"

- 人们常把松树作为坚定、贞洁、长寿的象征，从皇家古典园林到现代园林，都能见到松树的倩影，一些名山胜地更是山以松壮势、松以山出名。

九龙松

河北丰宁

树种

中文名 / 油松
拉丁名 / *Pinus tabuliformis*
科 / 松科
属 / 松属

数据

树龄 / 约 1000 年
胸（地）径 / 1.05 米
树高 / 9.1 米

位置

河北省承德市丰宁满族自治县五道营乡三道营村

九龙松位于丰宁满族自治县五道营乡，树高 9.1 米。据专家考证，此树栽植于北宋中期，历经六朝，距今约 1000 年的历史。从其外观看，它有九条粗大的枝干，盘旋交织在一起，枝头好似龙头，树身蜷曲犹如龙身，树皮好似龙鳞。九条枝干条条像龙，飞腾而起，故当地百姓称其为"九龙松"。

▲ 张子实 / 摄

此松独木成林，一缕微风掠过，也能响起松涛阵阵，加之九龙松树冠覆盖面积达636 平方米，有"中国北方的森林之王"之称。

当地极为重视"九龙松"的保护工作，先后用木桩和石柱支撑干枝，2014 年 5 月在古松周围建起栏杆，每年浇水施肥，使九龙松焕发出青春的活力。如今，九龙松仍有很强的繁育能力，年年松塔满枝头。1990 年，时任全国人大常委会委员、国务院民族事务委员会副主任爱新觉罗·溥杰先生到丰宁考察，特来看此树，并写下"九龙松"三字，被镌刻在 2 米高的石碑上。

▲ 张子实 / 摄

▲李 杰/摄

▲ 白雪亮 / 摄

红岩松

山西霍州

▲ 白雪亮 / 摄

树种

中文名 / 油松

拉丁名 / *Pinus tabuliformis*

科 / 松科

属 / 松属

数据

树龄 / 约 1000 年

胸（地）径 / 0.58 米

树高 / 6 米

位置

山西省临汾市霍州市李曹镇七里峪村

霍州市七里峪，群山环抱，风景奇特。这里有一个村庄叫七里峪村，穿过村庄，往东南几百米处，有一块突兀、峻峭的山岩，岩有数十米高，呈红褐色，是七里峪特有的红砂砾岩。岩石上长有 3 株松树，其中最大的一株长在岩顶。

这株 1000 年的古油松，树高 6 米，通体不直，但雄壮苍劲，虎踞龙盘在铁红色的石头上，故名"红岩松"。古松不惧石头的坚硬，树根穿透了石头，在高处展开枝叶，斜着身子张望，有着迎客松的身姿和韵味。其树干扭曲、树皮粗糙，与岩石相得益彰，那冷峻的红岩因松树而呈现俊秀和活力，那苍劲的松树因红岩而显露苍劲和洒脱。

白皮松 山西霍州

树种

中文名 / 白皮松
拉丁名 / *Pinus bungeana*
科 / 松科
属 / 松属

数据

树龄 / 约 1000 年
胸（地）径 / 0.9 米
树高 / 15 米

位置

山西省临汾市霍州市李曹镇韩壁村

　　千年白皮松位于霍州市李曹镇韩壁村。树高 15 米，胸径 0.9 米，树皮雪白，树冠茂密，松果累累。主干以上生出一级枝 7 个、二级枝 20 多个，冠幅东西 16 米，南北 18 米。冠圆顶平，形态美丽。

　　相传李世民登基礼、霍邑之战均发生在此地。明清皇帝们来此祭拜，册封白皮松为"霍山神松"。树为忠臣，这株白皮松见证着朝代的兴衰与更替，承载着历史的记忆。

▲ 赵 利 / 摄

▲ 杨 勇 / 摄

▲ 准格尔旗林业和草原局／提供

油松王
内蒙古准格尔

树种

中文名 / 油松
拉丁名 / *Pinus tabuliformis*
科 / 松科
属 / 松属

数据

树龄 / 约 930 年
胸（地）径 / 1.36 米
树高 / 16 米

位置

内蒙古自治区鄂尔多斯市准格尔旗纳日松镇松树焉村

▲ 准格尔旗林业和草原局 / 提供

　　古松屹立于准格尔域西，独耸于瘠土僻壤之上。其树形犹如大伞，枝干环绕弯曲，主干高耸入云，枝叶疏密有致，形态优美，四季皆绿。若是风起，声壮如涛，数里可闻。据估测，这株古松植于北宋哲宗元祐三年（1089 年），树龄约 930 年，树高16 米，为中国油松之最，有"油松王"之美誉，是鄂尔多斯高原的"活化石"。

蟠龙松 辽宁鞍山

▲ 王明辉 / 摄

香岩寺位于仙人台西下方香岩谷内，为千山五大禅林之一，是千山创建最早的古寺之一，始建于唐代，蟠龙松位于香岩寺正殿前。

蟠龙松有"千山松树之祖"的美誉。树高约 10.5 米，主干 2 米处分出八枝，虬枝纷呈，冠幅 15 余米，翠盖如冠，树皮爆裂如鳞。其枝干触及墙壁自动迂回生长，特别是伸向大殿的一支，生长到屋檐处盘旋而上。

有古诗写道："殿前秀古松，枝干拿空起。清风朗月霄，苍劲殊可喜。"千山风景区为了保护这株珍贵的古树陆续采取了多项复壮措施，令蟠龙松依旧保持着勃勃生机，向游人展示着"乘云欲飞"的优美神态。

树种

中文名 / 油松
拉丁名 / *Pinus tabuliformis*
科 / 松科
属 / 松属

数据

树龄 / 约 1300 年
胸（地）径 / 1.02 米
树高 / 10.5 米

位置

辽宁省鞍山市千山风景区仙人台国家森林公园香岩寺

▲ 王明辉 / 摄

红松古树 黑龙江海林

▲ 王衍龙 / 摄

树种

中文名 / 红松
拉丁名 / *Pinus koraiensis*
科 / 松科
属 / 松属

数据

树龄 / 约 600 年
胸（地）径 / 1.38 米
树高 / 42 米

位置

黑龙江省牡丹江市海林市雪乡国家森林公园

▲ 李庆华 / 摄

　　雪乡国家森林公园原始林景区里生长着一株十分罕见的大红松。古松树高 42 米，树冠呈伞形，平均冠幅 11 米，当地人称之为"虎松"。2017 年全国绿化委员会办公室、中国林学会授予其"中国最美红松古树"称号，2019 年红松所在的原始森林被评为"中国最美森林"。

　　相传清光绪年间，一群人来到红松古树所在的深山采集人参，为首的人叫孙达，在山上半月一无所获，正在他一筹莫展的时候，突然狂风大作、大雨滂沱，只见一只虎崽在树下瑟瑟发抖，好像在向他求救。孙达没有犹豫，将它抱在怀中回到了地窖子。巨大的雷电将地窖子震塌，抱着小虎崽的孙达也被震昏了。雨过天晴，孙达醒来后发现怀里的小虎崽不见了，身旁的白绢写着四行字"棒槌要采撷，需拜山神爷，难事要弄明，山顶大红松。"有人说老虎就是山大王（山神），不能怠慢。于是，他们立即赶往山顶，果然有一株硕大的红松树屹立在山顶。便把这棵大红松尊称为"虎松"，并做了一个小牌坊，经常去拜谒求顺当、平安。

　　1956 年，红松树王所在的这片原始林被划为天然红松母树林，这里的原始生态得到了有效保护。1998 年，大海林林业局有限公司开发建设红松原始林景区，吸引众多游客慕名参观，这株古松也由此闻名遐迩。

安徽黄山
迎客松

树种

中文名 / 黄山松
拉丁名 / *Pinus taiwanensis*
科 / 松科
属 / 松属

数据

树龄 / 约 1000 年
胸（地）径 / 0.71 米
树高 / 10.02 米

位置

安徽省黄山市黄山风景区玉屏管理区

　　奇松、怪石、云海、温泉、冬雪被誉为"黄山五绝"，而迎客松作为奇松的代表，不仅被黄山人视为珍宝，更被中国人视为国宝。

　　迎客松挺立于海拔 1680 米的玉屏峰狮石前，树冠如幡似盖，侧枝横空斜出，似展臂迎客。

　　迎客松之名始见于清咸丰九年（1859 年）歙县人黄肇敏的《黄山纪游》，目前能看到的迎客松最早的照片是黄炎培 1914 年拍摄的。1929 年，太平县人陈少峰在其所著《黄山指南》中选取迎客松照片刊于全书正文之前，迎客松才广为人知。1959 年，巨幅铁画《迎客松》陈列于北京人民大会堂会见大厅。2018 年，国家领导人向东盟秘书处赠送中国山水画《黄山迎客松》，象征着中国人民开放包容、海纳百川的宽广胸怀。

　　黄山风景区自 1981 年起为迎客松设立专职守护人，实行全天守护，迄今已更替了 19 任守松人。

◀ 胡晓春 / 摄

凤凰松 安徽九华山

树种

中文名 / 黄山松
拉丁名 / *Pinus taiwanensis*
科 / 松科
属 / 松属

数据

树龄 / 约 1400 年
胸（地）径 / 1.3 米
树高 / 8.5 米

位置

安徽省池州市九华山风景区中闵园回龙桥东北

凤凰松是九华山十景之一，属黄山松，树高 8.5 米，胸径 1.3 米，平均冠幅 16 米，因受高山生长条件影响，该松形成平顶，旌形树冠，其主干扁平，枝分三股。中间的枝干曲形上昂，如凤凰翘首；一枝微曲平缓下伸，似凤凰摆尾；一枝斜伸微翘，如同彩凤两翼展翅，树形酷似凤凰展翅欲飞，一直被当地百姓称作"凤凰松"，松尾下有很大的圆石，人称"凤凰蛋"。凤凰古松，史载见于南北朝，为南北朝时期的僧人杯渡所植，距今已有 1400 余年的历史。当代著名画家李可染赞其为"天下第一松"。

▶ 吴绍龙 / 摄

凤凰古松已经成为九华山的一处地标，是一处活着的风景，古往今来，吸引了无数游人的目光。在它身上流传着众多美丽的传说，人们也给它戴上了一顶顶桂冠。1995 年 10 月 9 日，我国发行的《九华胜境》邮票的第六枚主图，就是"凤凰古松"，面值 290 分。它还与黄山迎客松、铜陵的相思树、涂山禹王宫的树中树并称为安徽四大观赏奇树。

▲ 赵虎祥 / 摄

▲ 赵虎祥 / 摄

陕西陈仓 白皮松

树种

中文名 / 白皮松
拉丁名 / *Pinus bungeana*
科 / 松科
属 / 松属

数据

树龄 / 约 1310 年
胸（地）径 / 1.32 米
树高 / 30 米

位置

陕西省宝鸡市陈仓区新街镇庙川村

庙川村的这棵白皮松树龄约 1310 年，高 30 米，平均冠幅 17 米。有东、西两条主干，东侧主干高大，顶部呈蘑菇状，如伞；西侧主干较低，但有三个大分支，向西、南、北三个方向伸展，看起来就像一把巨大的扇子。

据记载，隋朝开国十六年，隋文帝杨坚下令在吴山建庙立神。唐朝贞观年间，唐太宗李世民敕封吴山神，并钦派大臣监修吴岳庙。庙建成后，为使皇权永固，龙脉兴旺，特在吴岳庙前栽植柏树 2 株，北坡梁头人工筑土峁一座（现存），西坡梁头呈马蹄状植白皮松 5 株，以达藏风聚水，迎龙堵脉之功效。20 世纪 60 年代末，当地兴起一股砍伐古树做棺材板的恶风，4 株白皮松被伐掉，现存的一株因生长在陈家旧祠堂遗址，未遭砍伐，幸存至今。

甘肃麦积
白皮松

▲ 张佩军 / 摄

树种

中文名 / 白皮松
拉丁名 / *Pinus bungeana*
科 / 松科
属 / 松属

数据

树龄 / 约 1200 年
胸（地）径 / 1.39 米
树高 / 28 米

位置

甘肃省天水市麦积区党川镇夏家坪村旧庄里

这株千年白皮松生长在甘肃省天水市麦积区党川镇夏家坪村旧庄里对面的河边上，树龄约 1200 年，树高 28 米，平均冠幅 20 米。此树所处河道边，历经无数次洪水冲刷，大水虽然曾一度蔓延至根部，但是古树却依然挺拔苍翠，绿荫如盖。古树绿白相间"迷彩服"树纹既独特又美观，主干粗壮雄伟，干皮发白，宛如一位白袍将军傲然挺立，守护一方百姓，被周边村民奉为神树。

❧ 最美古侧柏 ❧

古侧柏

- 侧柏历经风霜雨雪而长青，象征着坚韧不拔，象征着铮铮傲骨！

- 唐代诗人杜甫的《古柏行》中有"孔明庙前有老柏，柯如青铜根如石"的诗句，诗人借久经风霜、挺立寒空的古柏称赞雄才大略、耿耿忠心的诸葛亮。

- 在众多的古刹寺庙、名胜园林中，苍劲有力的古侧柏，为名胜古迹遮风挡雨，为红墙灰瓦增添活力。

- 它们与古建筑同是中华民族的文化和自然遗产，代表着中华民族悠久历史文化的根与魂。

北京密云
九搂十八杈

树种

中文名 / 侧柏

拉丁名 / *Platycladus orientalis*

科 / 柏科

属 / 侧柏属

数据

树龄 / 约 3500 年

胸（地）径 / 2.61 米

树高 / 12 米

位置

北京市密云区新城子镇新城子村

北京市最年长古树，2018 年被评为北京"最美十大树王"。枝干粗壮，树形舒展，九人伸开双臂才能合抱，主干分成十八根枝杈，故得名"九搂十八杈"。商周时期，古柏就已经在这里生根发芽。它不仅见证了密云古北口一带的历史变迁，更是北京整个城市历史的见证者。

20 世纪 70 年代，修建省道松曹路时为保护古树在其东侧建设了高 5 米、长 60 米的挡墙。挡墙在保护古树的同时也影响了营养的吸收。2021 年，北京市开始探索古树名木及其生境整体保护新模式。为了给古树提供更为充足的生长空间，古树保护管理部门对九搂十八杈进行了精细化体检，将原本紧挨着古树的松曹路向外移动 19.4 米，使古树的生长面积扩大至 1400 多平方米，古树营养面积、根系的生长空间和透气性得到根本性改善，萌发了新枝。同时围绕这株古树，北京市建成了第一座古树主题公园。

▶ 北京市密云区园林绿化局 / 提供

▲ 耿艳萍 / 摄

古侧柏

河北阜平

树种

中文名 / 侧柏

拉丁名 / *Platycladus orientalis*

科 / 柏科

属 / 侧柏属

数据

树龄 / 约 1500 年

胸（地）径 / 2.32 米

树高 / 14.6 米

位置

河北省保定市阜平县吴王口乡周家河村

周家河村古侧柏树龄约 1500 年，树高 14.6 米，胸径 2.32 米，冠幅 22 米。虽历经沧桑，仍巍然耸立。

古侧柏主要由 3 个树干组成，枝叶繁茂，枝干苍劲有力地伸向半空。其中，西南枝干伸向周家河村，树枝上缠绕着几条红色绸缎随风飘扬，静观沙河流淌。

▲ 耿艳萍 / 摄

秦柏　山西介休

树种

中文名 / 侧柏

拉丁名 / *Platycladus orientalis*

科 / 柏科

属 / 侧柏属

数据

树龄 / 约 2650 年

胸（地）径 / 3.76 米

树高 / 15 米

位置

山西省晋中市介休市绵山镇西欢村秦柏岭

秦柏，据清乾隆《介休县志》记载："相传为秦时物也，旁有村曰秦树。"此柏为秦时所植，距今约 2650 年。秦柏主干高 2.6 米，主干之上分 10 个枝杈，枝杈平均周长 3.1 米，最粗的一枝周长 4.75 米；主干围长 11.8 米，根部围长 16.7 米，冠幅 18 米，树荫覆盖面积近 300 平方米，堪称"全国柏树之王"。

▲ 梁卫明 / 摄

四方百姓抱着对秦柏敬仰之心慕名而来，文人墨客们饱蘸笔墨留下了一首首诗歌佳句，构成了赞咏秦柏的历史画卷。秦柏两侧的诗文长廊和树碑长廊渲染出浓郁的文化氛围。清乾隆四十三年（1778 年），介休知县吕公滋为该树立碑题诗，并刻树图以志。诗云：

闻道秦时柏，绵山久结根。
虬枝涤岁月，翠色老乾坤。
讵以不弃才，宜同大业存。
风光谁赏识，万古挺孤村。

▲ 梁卫明 / 摄

57

山西晋祠
周柏

树种

中文名 / 侧柏
拉丁名 / *Platycladus orientalis*
科 / 柏科
属 / 侧柏属

数据

树龄 / 约 3000 年
胸（地）径 / 2.62 米
树高 / 21.2 米

位置

山西省太原市晋源区晋祠镇晋祠博物馆圣母殿苗裔堂前北侧

　　周柏，为晋祠三绝之一，生长于北宋代表建筑圣母殿北侧，为西周时期所植。相传在建立晋祠时，悬瓮山上发现两株连理翠柏，后人认为这是天赐神木，随即移植到祠内的圣母殿两侧。因为是连理双柏，又是同年移植，所以又被称为"齐年柏"。

　　周柏，也名卧龙柏，由于它形似卧龙，树身向南倾斜，与地面的角度为 45 度，形若游龙侧卧。

　　这株树虽然历经数千年，但依然挺立在晋祠圣母殿旁，苍劲挺拔，枝干舒张屈曲，树影扶苏，姿态优美，半躺半卧，悠然自得，甚是威风而潇洒。

　　明末清初思想家傅山，在晋祠隐居期间，酷爱双柏，曾为古柏题写"晋源之柏第一章"，使得古柏更加名扬四海。

◀ 罗 茜 / 摄

周柏 河南渑池

树种

中文名 / 侧柏
拉丁名 / *Platycladus orientalis*
科 / 柏科
属 / 侧柏属

数据

树龄 / 约 3700 年
胸（地）径 / 3.13 米
树高 / 29.5 米

位置

河南省三门峡市渑池南村乡西山底村

西山底村位于黛眉山脚下，周柏便生长于黛眉圣母庙内。相传，黛眉娘娘离宫到此修行，汤王为其修建了圣母庙。明代张象山《柏地庙山水记》、清嘉庆十五年《渑池县志》对此都有明确记载。圣母黛眉娘娘被汤王选为妃子，后被休。在返回山西垣曲老家路上，忽见山下来一头猛虎，黛眉娘娘便对猛虎说："虎呀虎，你若有心帮我，便驮我过河到黛眉山吧，否则你就吃了我。"话音刚落，只见猛虎温顺地将尾巴摇了三摇，伏下了身子。于是黛眉娘娘便骑上虎背，到了河南渑池的黛眉山，亲手植下侧柏一棵，以示纪念。

古柏距今已有 3700 余年，主干分出多个枝杈，凸起几个莲花状的树结。著名作家梁衡曾来此采风，挥毫写下了"黛眉周柏"。据《河南古树志》记录：古柏高 29.5 米，胸径 3.13 米，枝下高 6 米，冠幅 37.8 米。

清末时，有村民开始守护老树，如今村里已经历了 6 代"守树人"，他们把周柏视若生命。2000 年起，村里自发成立了"西山底古柏保护小组"，村民轮流在黛眉庙值班，保证古树的安全。

▲ 赵肃然 / 摄

▲ 赵肃然／摄

▲ 刘客白 / 摄

▲ 刘客白 / 摄

河南登封
二将军柏

树种

中文名 / 侧柏
拉丁名 / *Platycladus orientalis*
科 / 柏科
属 / 侧柏属

数据

树龄 / 约 4500 年
胸（地）径 / 3.99 米
树高 / 18.2 米

位置

河南省郑州市登封市嵩阳书院

　　嵩阳书院"二将军柏"树高 18.2 米，胸径 3.99 米，平均冠幅 19 米，亭亭如盖、遮天蔽日，形似雄鹰展翅，虬枝挺拔，巍然屹立。经植物学界测定，"二将军柏"是原始森林的遗存，树龄约 4500 年，堪称"华夏第一柏"。

　　据传汉武帝于元封元年（公元前 110 年）游嵩山时，首先看到一株大柏树高大无比，便封为"大将军"，后来又看到了更大的一株，但天子金口玉言，不能更改，只好让大的屈居第二，封为"二将军柏"。

陕西黄陵
黄帝手植柏

▲ 李小军 / 摄

树种

中文名 / 侧柏
拉丁名 / *Platycladus orientalis*
科 / 柏科
属 / 侧柏属

数据

树龄 / 约 5000 年
胸（地）径 / 2.73 米
树高 / 19.4 米

位置

陕西省延安市黄陵县黄帝陵

　　黄帝手植柏，生长在黄帝陵轩辕庙院内，是黄帝陵古柏群古树之一，树龄约 5000 年，树高 19.4 米，平均冠幅 18.1 米，被誉为"世界柏树之父"。

　　这株古柏沐浴了 5000 年的风风雨雨，目睹了中华民族的荣辱兴衰，在代代守陵人的呵护下，依旧苍劲挺拔，蔚为壮观。

▶ 裴竞德 / 摄

▲ 白水县摄影协会 / 提供

陕西白水
仓颉手植柏

树种

中文名 / 侧柏

拉丁名 / *Platycladus orientalis*

科 / 柏科

属 / 侧柏属

数据

树龄 / 约 5000 年

胸（地）径 / 2.48 米

树高 / 16 米

位置

陕西省渭南市白水县史官镇史官村仓颉庙内

　　"仓颉手植柏"生长在陕西省渭南市白水县仓颉庙内，相传为造字始祖仓颉亲手所植，距今约 5000 年，是迄今为止世界上最古老的柏树之一，被誉为"文明之根"。

　　仓颉手植柏高 16 米，胸围 7.8 米，地围 9.9 米。这株柏树的树纹像奔腾的河流一样，有学者称之为"文化之源"。

古柏 陕西洛南

树种

中文名 / 侧柏
拉丁名 / *Platycladus orientalis*
科 / 柏科
属 / 侧柏属

数据

树龄 / 约 5000 年
胸（地）径 / 2.55 米
树高 / 23.1 米

位置

陕西省商洛市洛南县古城镇南村

洛南古柏，又名"栖霞柏"，位于洛南县东南约 45 公里的古城镇南村，树龄约 5000 年，树高 23.1 米，平均冠幅 25.7 米，是秦岭山脉发现的最大古侧柏。

古柏树干圆满完整，长势良好。枝丫分叉处，一东一西伸出两柄短枝，东枝状似龙头，西枝貌似龙尾，抬头望去，如蠕龙穿行于云雾，蛟龙出没于银波。枝上泛白的块块柏皮，犹如龙鳞。

《洛南县志》记载，清道光三十年（1850 年）知县陈作枢亲临勘察，合抱围之，计胸径二丈三尺并为这株树作《栖霞观》。而今的大古柏胸围已逾 8 米，需 6 人手拉手合围。

每逢农历初一和十五，青年男女在树旁撮土为盟，共结百年；已婚夫妇在"龙头"挂红许愿，乞求子女；年长者求大古柏保佑子孙升迁。更有人不远千里，或来此一睹大古柏之雄姿，拍照留念；或只为在柏前肃立片刻，许上一愿。

▲ 何伟南 / 摄

▲ 何伟南 / 摄

甘肃秦州
春秋古柏

▲ 刘太平 / 摄

树种

中文名 / 侧柏
拉丁名 / *Platycladus orientalis*
科 / 柏科
属 / 侧柏属

数据

树龄 / 约 2600 年
胸（地）径 / 北枝胸径 1.08 米，南枝胸径 0.95 米
树高 / 26 米

位置

甘肃省天水市秦州区玉泉镇王家坪村南郭寺

　　南郭寺里的春秋古柏，树龄 2600 年左右，栽种于春秋时期，为秦州八景之一。古柏生长在长方形的树池内，一株三枝，呈南北方向倾斜生长，南一枝，北两枝，西北侧一枝枯死，分叉处长出一株 200 年左右的小叶朴。杜甫七十二杂诗《秦州杂诗二十首》中写道："山头南郭寺，水号北流泉。老树空庭得，清渠一邑传……"诗中的老树即指这株古柏。南侧的一枝被古树专家评价为"活着的化石，有生命的国宝"。实则是此枝无皮而生，十分奇特。

　　树下，一块石碑被古柏包裹，这块石碑是清顺治十五年（1658 年）所立，20 世纪 50 年代当地政府修砌了砖柱顶立在古柏的南枝下。

❧ 最美古柏木 ❧

古柏木

- 柏木是中国独有的树种，主要分布在我国云南、贵州、四川等地。

- 柏木常种植于皇家园林、古刹庙宇。很多地方都称古柏木为"神柏"。

- 西藏林芝的巨柏，巨大苍翠，在碧蓝的天空下伸展着枝叶，在夕阳的照射下倒映出点点斑驳的树影，让人们不由得被它吸引。

- 江西净住寺的情侣柏，一株伟岸敦实，一株婀娜多姿。

- 虽然历经千百年沧桑坎坷，它们依然苍翠葱茏。

- 它们用虬枝绿叶传达着历史的变迁和盛世的文明。

古柏 浙江永嘉

▲ 吴 臻 / 摄

树种

中文名 / 柏木
拉丁名 / Cupressus funebris
科 / 柏科
属 / 柏木属

数据

树龄 / 约 820 年
胸(地)径 / 2 米
树高 / 24 米

位置

浙江省温州市永嘉县巽宅镇麻庄村

　　麻庄村是一座拥有千年历史的古村,村内尚存保存完好的百余年石拱桥,数百年历史的明朝古宅、古山寨遗址以及 6 株近千年古树。其中两株被称为"兄弟柏"。

　　其中一株树干直径约 2 米,树高约 24 米,树形优美挺拔,外观庄重肃穆,一年四季常青,历经近千年而不衰,被当地村民亲切地称为"柏树王",曾入选"温州十大古树名木"。

▶ 金哲博 / 摄

古柏 浙江临海

树种

中文名 / 柏木
拉丁名 / *Cupressus funebris*
科 / 柏科
属 / 柏木属

数据

树龄 / 约 1020 年
胸（地）径 / 2.2 米
树高 / 20 米

位置

浙江省台州市临海市江南街道汇丰村

▲ 王 松 / 摄

位于汇丰村中央殿的千年古柏树，是台州胸径、高度、树冠直径最大的一株古柏树。神奇的是，这株古柏树在距离地面1米多的地方就开始分叉，一共有九个分枝，当地百姓都称之为"九龙柏"。古柏枝干粗壮苍劲、郁郁葱葱，远远望去，就像一朵超大的绿色蘑菇。

相传，唐代第一次修建"台州府城墙"时，屡建屡毁，当时的人便请高人指点，在台州府城的东南角寻到现在"中央殿"的位置，建了这座古殿，同时种下一棵柏树。之后，当地便一直流传着"先造中央殿，再建临海城。殿成树栽，树旺城兴"这四句谚语。时光流转千年，这株古柏已是台州市古柏之最。

▲ 龙岩市绿化委员会办公室 / 提供

古柏 福建长汀

▲ 龙岩市绿化委员会办公室 / 提供

树种

中文名 / 柏木
拉丁名 / *Cupressus funebris*
科 / 柏科
属 / 柏木属

数据

树龄 / 约 1200 年
胸（地）径 / 1.29 米
树高 / 23 米

位置

福建省龙岩市长汀县博物馆

在长汀县博物馆的院内，屹立着两株直插云霄的黛色参天古柏。古双柏约植于唐大历年间汀州筑城之时，树龄约 1200 年。其中一株较大的树高为 23 米，胸径 1.29 米，树姿优美，2015 年被评为"福建柏木王"。

有志载："双柏乃千百年间物也"。清乾隆文士纪晓岚《阅微草堂笔记》中记述："汀州试院堂前两古柏，唐物也。"据说纪晓岚按临汀州，在月下散步时，抬头忽见森耸的古柏树梢，出现了两个红衣人，向他鞠躬作揖。次日，纪晓岚毕恭毕敬地走到古柏前顶礼膜拜，并撰写刻制一副对联："参天黛色常如此，点首朱衣或是君"，悬挂于树神庙门。清汀州知府李佐贤《双柏诗并序》中云：南明隆武帝退守长汀，城破之日，两从臣赖垓、熊纬双缢于柏树下殉节，后人在树旁建"双忠庙"，称双柏为"双忠树"。

唐代双柏赓续着长汀悠久历史与深厚文化底蕴，历尽时代风风雨雨，也曾出现长势衰退迹象，在当地政府复壮管养后，如今枝繁叶茂体魄健壮，作为长汀水土流失治理和生态建设的"风向标"傲然耸立在汀州古城。

古柏 江西丰城

树种

中文名 / 柏木
拉丁名 / *Cupressus funebris*
科 / 柏科
属 / 柏木属

数据

树龄 / 约 1200 年
胸（地）径 / 1.6 米
树高 / 26 米

位置

江西省宜春市丰城市董家镇老塘村净住寺

　　净住寺的大殿前面生长有两株古柏树，平均胸径 1.6 米，平均树高 26 米，平均冠幅 13.2 米，树龄约 1200 年。相传这两株古柏为净住寺的创寺人唐代高僧马祖（709—788 年）所植。马祖高僧游历至此，看到这里峰峦叠嶂，云雾缭绕，很有灵气，于是建造寺庙，取名为净住寺，并在此修身养性，收纳弟子，栽种树木。

　　柏树吸纳天地灵气，逐渐长大发生了奇妙的变化：一株伟岸敦实，宛如骨骼健壮、英姿飒爽的小伙子；一株婀娜多姿，宛如风姿绰约、含羞而立的年轻姑娘。柏树越长越大，靠近地面的两树根部，对着长成了一雌一雄、一凸一凹形状，形象有趣。因此，又名公母柏、情侣柏。

江西南昌
万寿宫古柏

树种

中文名 / 柏木
拉丁名 / *Cupressus funebris*
科 / 柏科
属 / 柏木属

数据

树龄 / 约 1710 年
胸（地）径 / 1.8 米
树高 / 11 米

位置

江西省南昌市新建区西山镇西山村万寿宫

　　万寿宫是一座体现明代传统宫殿建筑风格的名胜古迹，建筑巍峨，气势恢宏，古朴壮观，为道教净明忠孝道的发祥地。

　　相传，净明道派祖师许逊任蜀郡旌阳令时，南昌洪水泛滥，据说是有条蛟龙经常翻云覆雨、兴风作浪、为害人民。许逊历经千辛万苦终于用神剑将蛟龙擒住，用铁链将蛟龙锁于八角井中，当地从此风调雨顺、五谷丰登。许逊害怕若干年后蛟龙挣脱铁链出来为害百姓，于是亲手种下一株柏树，并将镇蛟宝剑埋于此树下，并留言后人：若蛟龙道法高深，挣脱铁链出来为害百姓，可以从树下取出镇蛟宝剑来擒蛟除害，故此柏树又叫"瘗剑柏"。

　　后人为纪念许逊，为他修建道观，也就是如今的万寿宫。

◀ 贺登毅 / 摄

古柏 湖北英山

树种

中文名 / 柏木
拉丁名 / *Cupressus funebris*
科 / 柏科
属 / 柏木属

数据

树龄 / 约 690 年
胸（地）径 / 1.03 米
树高 / 13.2 米

位置

湖北省黄冈市英山县温泉镇柏树祠村

在英山县温泉镇柏树祠村，有两株远近闻名的古柏树，人称兄弟柏。其中有一株雄伟壮观，树龄约 690 年。相传，元末明初，彭氏始建宗祠，遂在大门左右各种一株柏树，并在其周围栽种梧桐、桂花及其他花草，以衬托古柏的苍劲。

古树饱经历史变迁，依旧郁郁葱葱。其主干高 13 余米，虬枝下垂而翘曲。

又传，两株古柏是同胞兄弟，原是太上老君殿前的两位门卫，因失责被贬成为人间的两株树。柏兄弟父母知道后，请太上老君手下留情。太上老君后来决定，让他们下凡做个栋梁之材，修炼成功再回天庭。于是这两株柏木拼力奋进，顽强生长，终成大树。

◀ 舒胜前 / 摄

▲ 舒集 / 摄

▲ 李孝鑫 / 摄

古柏王 四川梓潼

树种

中文名 / 柏木

拉丁名 / *Cupressus funebris*

科 / 柏科

属 / 柏木属

数据

树龄 / 约 2300 年

胸（地）径 / 1.68 米

树高 / 29 米

位置

四川省绵阳市梓潼县演武镇东山村柏林湾

演武镇古柏王，树龄约 2300 年，树高 29 米，胸径 1.68 米，平均冠幅 13 米。据专家考证，此树为翠云廊最大的古柏之一。

相传诸葛亮六出祁山时，在演武的柏林湾有一户张姓人家，母子二人相依为命。儿子随军去打仗，母亲每天在路边的柏树下给将士们编草鞋，一是打听儿子的消息，二是为了将士们能穿上新草鞋。她打草鞋留下的烂草堆在树旁变成了肥料，滋养柏树越长越高。有一天，母亲在树下祈求儿子早日平安回家，过了几日儿子果真平安归来。因此，人们就把柏树称为"草鞋神"。时至今日，谁家有难，就到树下烧香叩头，祈求平安。

贵州修文
王阳明手植柏

树种

中文名 / 柏木
拉丁名 / *Cupressus funebris*
科 / 柏科
属 / 柏木属

数据

树龄 / 约 500 年
胸（地）径 / 0.77 米
树高 / 23 米

位置

贵州省贵阳市修文县阳明洞街道阳明村

▲ 胡小康 / 摄

　　阳明洞风景区距修文县城 1.5 公里，在景区半山腰"阳明小洞天"景点门口的石阶两旁，有两株苍劲繁茂的古柏树，树高 23 米，其中一株于 2004 年左右死亡。据有关资料记载，这两株柏树为明代著名的哲学家、思想家、教育家王阳明亲手种植。

　　1508 年，王阳明获罪贬谪贵州龙场驿（今修文县城）任驿丞，艰难困苦中顿悟"格物致知"之旨，史称"龙场悟道"，阳明心学由此发端并影响世界。同年秋天，他搬迁至东洞，将东洞改名为阳明小洞天，并在洞口手植柏树 2 株。《修文县志》有明确记载，王阳明离开龙场后，当地百姓将其手植柏树命名为"文成柏"（王阳明逝世后，追封谥号"文成"），文成柏为阳明文化重要历史实物。

▲ 年科斌 / 摄

甘
肃
舟
曲

岷
江
柏
木

▲ 年科斌 / 摄

树种

中文名 / 岷江柏木

拉丁名 / *Cupressus chengiana*

科 / 柏科

属 / 柏木属

数据

树龄 / 约 1100 年

胸（地）径 / 2.96 米

树高 / 30 米

位置

甘肃省甘南藏族自治州舟曲县憨班镇憨班村

　　岷江柏木为我国特有树种，国家二级重点保护野生植物。

　　生长在舟曲县憨班镇憨班村的古岷江柏木，树龄约 1100 年，冠幅约 18 米。此柏树体高大，气势宏伟，生长旺盛，枝叶茂密，从树高 1 米处分权四枝，最大单枝胸围 4 米，是白龙江流域现存最大的岷江柏木。此树据传为宋朝时期栽植，当地群众称之为"宋柏"。

巨柏 西藏朗县

巨柏又名雅鲁藏布江柏木，是西藏特有的树种，是中国珍稀的特有树种，主要分布于雅鲁藏布江朗县至米林附近的沿江地段。

这株 3000 多年的巨柏，树高 57 米，树冠巨大呈塔形、投影面积近 700 平方米，树干挺拔，剑指蓝天，蔚为壮观！

树种

中文名 / 巨柏
拉丁名 / *Cupressus gigantea*
科 / 柏科
属 / 柏木属

数据

树龄 / 约 3240 年
胸（地）径 / 5.75 米
树高 / 57 米

位置

西藏自治区林芝市朗县洞嘎镇滚村

▲ 钱加典 / 摄

❀ 最美古杉木 ❀

古杉木

- 杉木是杉科杉属常绿乔木，其树干端直，顶天立地，叶色苍翠，树冠塔形，四季常青。宋朝梅尧臣称杉木"植干森然美在庭，更怜相倚自青青。翠姿且有干云势，岂是孤生向远坰。"唐朝白居易称赞它"劲叶森利剑，孤茎挺端标"。尤其是寒冬雪后，杉树银装素裹，玉树琼枝，颇为壮观。

- 杉木为我国特有速生用材树种，在长江流域、秦岭以南地区栽培最广。

- 在中国传统文化中，杉木承载着丰富的文化内涵和象征意义。其高大挺直，象征着坚定和正直的品质；其枝叶茂密、成片栽植，象征着家庭和睦、人丁兴旺，被人们赋予了吉祥、美好的寓意。

安徽义安
叶山林场杉木王

▲ 曹青山 / 摄

树种

中文名 / 杉木
拉丁名 / *Cunninghamia lanceolata*
科 / 杉科
属 / 杉木属

数据

树龄 / 约 500 年
胸（地）径 / 1.17 米
树高 / 26 米

位置

安徽省铜陵市义安区叶山林场

　　"叶山林场杉木王"位于铜陵市义安区叶山林场东侧山脚下，树龄约 500 年，树高 26 米，胸径 1.17 米。树体主干距地面 2 ～ 3 米处，生长着胸围 30 ～ 60 厘米的分枝，像双臂展开，热情欢迎来自四面八方的游客。

　　叶山杉木王为安徽省名木，虽历经数百年仍枝繁叶茂、苍翠挺拔，是铜都森林公园叶山景区重要景点，具有极高的观赏价值和重要的历史、文化、科研价值。多年来，安徽省、铜陵市（区）林业主管部门根据古树生长情况和专家的建议，采取修建护坡、护栏等保护措施对古树进行养护管理，并指派专人巡护。

▶ 叶山林场 / 提供

▲ 薛明瑞 / 摄

杉木 福建蕉城

▲ 陈兆瑜 / 摄

树种

中文名 / 杉木

拉丁名 / *Cunninghamia lanceolata*

科 / 杉科

属 / 杉木属

数据

树龄 / 约 1140 年

胸（地）径 / 2.68 米

树高 / 26 米

位置

福建省宁德市蕉城区虎贝镇黄家村

古杉木位于宁德市蕉城区虎贝镇黄家村彭家自然村旁，是福建胸径最大的杉木，胸围 8.5 米，树高 26 米，冠幅 21 米，距今约 1140 年。

据记载，古杉木种于唐僖宗光启年间，系当地彭氏祖先迁居此地时所植。奇特的是，这株古杉木的主干分枝向四面撑开，树枝皆向下生长，形状像一把伞，因此又被称为"伞树"。彭氏家谱有诗云："枝繁叶茂历悠悠，伴祖肇迁有千秋。馨竹国史传铭志，伞树家声万古流。"

此树是彭家村历史的见证，历经朝代更迭，仍被完整保存下来，至今生长旺盛，每年可结果 50 千克。宁德市将其载入《宁德县志》，作为重点文物进行保护。

状元杉 福建政和

▲ 许承周 / 摄

树种

中文名 / 杉木
拉丁名 / *Cunninghamia lanceolata*
科 / 杉科
属 / 杉木属

数据

树龄 / 约 1100 年
胸（地）径 / 1.62 米
树高 / 49.5 米

位置

福建省南平市政和县岭腰乡锦屏村

　　政和县锦屏村青山葱郁，溪水清清。村口不远处，那株高大的状元杉是锦屏村的迎客树。巨杉高 49.5 米，主干胸围 5.1 米，在离根部 10 余米处分为三个树枝，相传是五代时锦屏村的开山祖、谏议大夫吴十七所栽，至今已有约 1100 年。古杉树巨大的根系像无数的虬爪，紧紧抱住一块形似神龟的巨石，任凭千百年风吹雨打而岿然不动。

　　相传，古时锦屏村里一青年考中状元，官府差人来村报信却找不到此人，正准备打道回府时，看见廊桥边有位读书人，遂向前询问，不料其见人就跑，到了杉树旁突然消失。报信人端详杉木，联想到状元名"三木"，恍然大悟，原来状元便是此杉木幻化而成。故事传开，村民便称此树为"状元杉"。状元杉的传说一直激励着当地人。锦屏村读书风气盛，恢复高考以来，村中出了 200 多位大学生。

中国古树名木·双百·古树

▲ 许承周／摄

杉木王 福建连城

树种

中文名 / 杉木
拉丁名 / *Cunninghamia lanceolata*
科 / 杉科
属 / 杉木属

数据

树龄 / 约 1010 年
胸（地）径 / 2.02 米
树高 / 38.6 米

位置

福建省龙岩市连城县曲溪乡罗胜村

▲ 龙岩市绿化委员会办公室 / 提供

▲ 福建省绿化委员会办公室 / 提供

福建杉木王位于龙岩市连城县曲溪乡罗胜村。据传，宋绍兴年初，罗胜村吴氏鼻祖什伍郎公从宁化、清流辗转至曲溪，非常喜欢这里清幽僻静的环境，决意觅一处风水宝地定居。一日，他梦见一须发花白老者告诉他，逆流而上，若看见一株大杉树，便是可安居乐业之处。吴什伍郎携妻小沿溪而上，至罗胜这个地方，果然看见一株巨大的杉树，于是便定居下来。

古杉木历经千余年的风霜雪雨，虽浑身遍布历史斑痕，却依然枝繁叶茂、郁郁葱葱、伟岸壮观。其胸径 2.02 米，树高 38.6 米，平均冠幅 17 米，树冠庞大，树形如塔，为国内单株材积最大的杉木之一。

1998 年杉木王被列入福建省古树名木保护名录，2013 年获"福建省杉木王"称号。

◀ 龙岩市绿化委员会办公室 / 提供

杉木王 江西广昌

树种

中文名 / 杉木
拉丁名 / *Cunninghamia lanceolata*
科 / 杉科
属 / 杉木属

数据

树龄 / 约 650 年
胸（地）径 / 1.62 米
树高 / 30 米

位置

江西省抚州市广昌县尖峰乡沙背村

　　江西杉木王位于抚州市广昌县尖峰乡沙背村。古杉主干高大粗壮，参天耸立，足足要 3 个成年人才能勉强围抱，60 多根粗枝凌空傲展。较为奇特的是，此树没有梢顶，群鸟在平顶上垒起了舒适的窝。暮霭中，鸟儿纷纷飞进窝巢栖息，展现出一片祥和的美景。

　　杉木王在原生态环境下自然生长，枝叶繁茂，树冠遮天盖日。此树树龄约 650 年，树高 30 米，树冠投影面积 113 平方米，为广昌所在区域杉科中树龄最老、树木最高、胸径最粗、冠幅最大和树形最优美的古树。2018 年，在江西省绿化委员会、江西省林业局举办的"江西树王"评选活动中，古杉成功获评"江西杉木王"称号。

　　为保护杉木王，当地采取措施，禁止砍伐周边森林，修筑维护圈，保护根系，并制定村规民约，严禁人为破坏杉木王及其生长环境。

◀ 张小明 / 摄

杉木 湖北浠水

树种

中文名 / 杉木

拉丁名 / *Cunninghamia lanceolata*

科 / 杉科

属 / 杉木属

数据

树龄 / 约 500 年

胸（地）径 / 1.93 米

树高 / 20 米

位置

湖北省黄冈市浠水县三角山旅游度假村李宕村

▲ 杨守贵 / 摄

▶ 杨守贵 / 摄

浠水三角山旅游风景区景色秀丽，林木葱茏，名胜古迹众多。有"鄂东杉木之王"美称的古杉树，就生长在李宕村白云庵溪水边，历经500年风雨，见证世事兴衰。

古杉树高20米，树顶端2米长的树梢不长枝叶，呈黑色，好像被火烧焦了一样，甚为奇特，当地人称其为"拨火棍"。

关于"拨火棍"有一个传说。相传明代三角山上寺庙里的慈应祖师在追赶神仙时，拿着拨火棍在河边的一块石头上歇息，把拨火棍倒插在石缝里，忘记带走。后来，拨火棍竟生根发芽，长成大树。

杉木王 湖南城步

树种

中文名 / 杉木
拉丁名 / *Cunninghamia lanceolata*
科 / 杉科
属 / 杉木属

数据

树龄 / 约 1600 年
胸（地）径 / 2.45 米
树高 / 30 米

位置

湖南省邵阳市城步苗族自治县长安营乡大寨村

在城步苗族自治县长安营乡大寨村，有一株古杉历经数个朝代更迭，仍枝繁叶茂，焕发出勃勃生机。据考证，古杉是东晋时期当地侗族先民骆越人栽植。它的发现将中国从唐朝时期人工种植杉树的记载前推了 400 多年，具有丰富的历史文化内涵和重要的科研价值。古杉曾获得"湖南树王""中国杉树王"等称号。

据当地村民介绍，2003 年古杉遭遇过一场大火，消防救援人员奋战 4 小时才将大火扑灭，本以为古杉失去了生机，但 5 个月后古杉抽出新枝，大寨村民捧出香醇的米酒，唱起动听的山歌，以最古老的方式庆贺杉木王奇迹般复活。

近年来，当地加大对古树名木的保护力度，对古杉树进行挂牌，定期进行病虫害防治和施肥，建设防火水池、消防设施应对突发情况。

▲ 周彦 / 摄

▶ 周彦/摄

湖南炎陵
杉木王

树种

中文名 / 杉木
拉丁名 / *Cunninghamia lanceolata*
科 / 杉科
属 / 杉木属

数据

树龄 / 约 1000 年
胸（地）径 / 1.8 米
树高 / 31 米

位置

湖南省株洲市炎陵县十都镇车溪村

▲ 周彦/摄

▶ 周彦/摄

株洲市炎陵县十都镇车溪村生长着一株千年杉木。古杉高大挺拔，巍然耸立在村口路边，世代守护着村庄。

古杉木高 31 米，胸径 1.8 米，平均冠幅 15 米，树龄约 1000 年，是炎陵县乃至株洲市的"杉木王"。2019 年，车溪村村民自发捐款 20 余万元，兴建一座主题公园，保护古杉的健康生长。

相传，这株千年古杉植于宋朝，原有两株长在河边。以前，古杉生长的地方叫深龙村，位于两山环抱的山谷中。山脊像龙的身体，两株杉树就像龙的犄角。有一天，村里的鸡狗不叫，河水通红如血。后来村民才知道，是有人砍伐了两株古杉中的一株。惊恐的村民在被伐古杉处建了一座庙，日夜供奉，村庄才慢慢恢复祥和。此后，村庄改名为神（深）龙村。剩下的这株杉木被村民世代保护，至今巍峨挺立。

杉木王 广西金秀

树种

中文名 / 杉木

拉丁名 / *Cunninghamia lanceolata*

科 / 杉科

属 / 杉木属

数据

树龄 / 约 1010 年

胸（地）径 / 1.75 米

树高 / 51.8 米

位置

广西壮族自治区来宾市金秀瑶族自治县六巷乡
门头村

在来宾市金秀瑶族自治县六巷乡门头村门头屯夏铃岭上，一株古杉木苍郁遒劲，枝繁叶茂。据考证，该树植于北宋真宗年间，树龄约 1010 年，树高 51.8 米，冠幅 15.8 米，为广西年龄最大、树高最高、胸径最粗的杉木，因此被称为"广西杉木王"。

杉木是广西乡土树种，历史上就是广西最主要用材树种，广西也是全国杉木优良种源地。广西的杉木生产之所以生生不息、良种选育层出不穷，和广西各地群众主动保护杉木种质资源的传统息息相关。

◀ 刘卓 / 摄　　　　　　　　　　　　　　　　▲ 刘卓 / 摄

云南大理
无为寺杉木

树种

中文名 / 软叶杉木
拉丁名 / *Cunninghamia lanceolata 'Mollifolia'*
科 / 杉科
属 / 杉木属

数据

树龄 / 约 980 年
胸（地）径 / 2.07 米
树高 / 28 米

位置

云南省大理白族自治州大理市银桥镇双阳村委会无为寺

　　无为寺的这株杉木，树龄约 980 年，树高 28 米，树冠属窄冠形，并呈尖塔状，当地人称其为"白塔香"；又因古树巍巍挺拔，枝条如群龙盘绕其干，故尊称其为"老龙树"。此树现为大理市重点保护文物。

　　相传南宋宝祐元年（1253 年），元世祖忽必烈攻打大理时驻跸无为寺，曾拴马于此树。当时，忽必烈因军中士卒水土不服，多患瘟疫，求教于无为寺方丈。方丈提出，不能在大理烧、杀，不伤害大理鸡犬万物，方可救治。忽必烈应允。方丈取寺前"白塔香"枝叶，用寺后的泉水煨煮，制成汤药让士卒服下，果然士卒所患病疫被成功治愈。大理百姓幸免于难，自此便将寺后泉眼唤作"救疫泉"，将"白塔香"奉为神树。

　　"坡曰晒经，风敲玉磬，趁日暖风和，跨过月桥登驻跸；泉名救疫，树立香杉，爱山青树古，闲邀阁老步华楼。"有人把无为寺八景归纳为一副对联，900 多岁的"白塔香"位列其中。

▶ 谢华新／摄

❆ 最美古樟树 ❆

古樟树

- "十年香樟树，百年白首约。千年古风传，厮守在人间。"

- 樟树是我国传统名贵树种，因全株散发特有的清香气息，又名香樟。

- 古时，江南有个浪漫的习俗：大户人家如果家中生了女孩，就会在庭院里种一株香樟树，待女儿到了出嫁的年纪，樟树已枝繁叶茂生长成材。用香樟做成两个木箱，装满丝绸作为嫁妆，取"两厢厮守"之意。

- 香樟树笔直高大，树冠端庄，枝叶舒展，四季常青，历代名人雅士对其钟爱有加。南宋舒岳祥的《樟树》诗写道："樱枝平地虬龙走，高干半空风雨寒。春来片片流红叶，谁与题诗放下滩。"

- 樟树是常青树种，叶片冬天依旧青翠，待到春天萌发新枝叶时，老叶才逐渐变红，随风簌簌凋落，给人以从容闲适之美。

- 从古至今，对香樟树的喜爱已融入华夏儿女的血脉。

- 村边、河畔、路边、庭院里的高大香樟树，成为陪伴人们的历史印迹。

浙江莲都
路湾樟树

树种

中文名 / 樟树
拉丁名 / *Pcamphora officinarum*
科 / 樟科
属 / 樟属

数据

树龄 / 约 1600 年
胸（地）径 / 4.62 米
树高 / 21 米

位置

浙江省丽水市莲都区联城街道路湾村

　　丽水市莲都区联城街道路湾村的瓯江边有一株千年古樟，它身姿苍劲，树干挺拔，树冠遮天盖地，被人们尊称为"树神""路湾樟树"。

　　据考证，此樟树植于晋代，无论树龄还是树的大小，均居浙江省第一。1997 年 12 月，樟树得到挂牌保护。近几年来，政府拨专款对这株古樟采取了一系列防护措施，为其建设了美丽精致的古樟公园。

　　千年古樟给附近村庄带来了风光，也带来了生机与希望。许多村民都认古樟为"樟树亲爹"，逢年过节，方圆百里的村民纷纷前来祭拜，为古樟树敬献红香包和红丝带祈福，保佑子孙繁衍、家族平安兴旺。

◀ 张 弛 / 摄

▲ 叶朱春 / 摄

▲ 方 凯 / 摄

古樟 安徽歙县

树种

中文名 / 樟树
拉丁名 / *Pcamphora officinarum*
科 / 樟科
属 / 樟属

数据

树龄 / 约 1020 年
胸（地）径 / 3.2 米
树高 / 28 米

位置

安徽省黄山市歙县深渡镇漳潭村樟潭古树主题
公园

古樟位于黄山市歙县漳潭古树主题公园内，树高 28 米，需 7 人才能合抱，树冠投影面积 1467 平方米。古樟树被先后编入《徽州古树》《黄山市古树名木》《安徽古树名木》中，被誉为"樟树之王"。

古树主题公园由千年古樟、张良祠、红妆馆三部分组成，千年古樟为古树公园核心生态景观。古樟历经千年风霜，依然巍然屹立，彰显古樟顽强的生命力。

古樟树为汉初名臣张良的后裔亲手栽种，村中张姓宗谱记载已传 76 代。古樟树世代保佑着村中的子孙。古樟树旁是为纪念"谋圣"张良所建的张留侯祠。"千年古樟树下走，幸福美满九十九"，当地婚嫁迎亲送亲时，新人都会围绕古樟树祭拜。每逢情人节或七夕，情侣们也会到此祈祷爱情地久天长。

▶ 方 凯 / 摄

歙县 2020 年对古樟进行了保护性修复，并为古树安装智慧监测系统，安排专人日常巡护，落实树长制，制作树长制公示牌，每年对古树进行养护。

樟树王

福建德化

树种

中文名 / 樟树

拉丁名 / *Pcamphora officinarum*

科 / 樟科

属 / 樟属

数据

树龄 / 约 1320 年

胸（地）径 / 5.35 米

树高 / 28 米

位置

福建省泉州市德化县美湖镇小湖村

　　樟树王位于德化县美湖镇小湖村，植于唐初，至今约有 1320 年历史。树高 28 米，胸围 17 米，冠幅东西长 34 米、南北长 40 米，是中国目前最大的古樟树。此树 1997 年被列为福建省古树名木，并收录于《福建树木奇观》，2013 年入选"福建十大树王"，2018 年 4 月入选"中国最美古树"。

　　相传，唐末五代时，有章姓和林姓二人为躲避战乱到了小湖村，在樟树下倦极而眠，梦中见一身披树叶的老翁对他们说："两氏与吾本同宗，巧遇机缘会一堂。来年同登龙虎榜，衣锦荣归济四乡。"两人醒后不见老翁只见身旁樟树，便恍然大悟，老翁所指"同宗"不正是林字的"木"旁加上"章"吗？于是，他们便在樟树旁建屋定居，日夜苦读，参加科举时双双高中。后来，当地村民为纪念他们，便在樟树旁建起了一座"章公庙"。从明末清初开始，每年农历三月十六为"章公庙"供奉的章公太尉的诞辰，小湖村村民就齐聚古樟树下举办盛大的祭章王（樟王）活动。古樟如今郁郁葱葱，亭亭如盖，成为当地的地标，也成为当地精神和文化的象征。

古樟 福建沙县

树种

中文名 / 樟树
拉丁名 / *Pcamphora officinarum*
科 / 樟科
属 / 樟属

数据

树龄 / 约 1010 年
胸（地）径 / 2.15 米
树高 / 18 米

位置

福建省三明市沙县区夏茂镇俞邦村

俞邦村历史悠久，人杰地灵。北宋时，征闽大将军俞朝凤的后裔从汀州移居俞邦村。宋代俞括、俞敷、俞肇祖孙三代"一门三进士"的佳话在当地广为流传。

俞邦村主村背靠的山地，形如展翅的凤凰，故名凤凰山，千年古樟树正好落于此山"头部"，形似凤冠。远处望来，凤凰展翅栩栩如生。村西北部有一山峦，形似龙头，两山遥相呼应，寓意龙凤呈祥。

古樟历经千年风雨，见证了俞邦村的悠悠历史。历代俞邦村民都将千年古樟树视为风水树，代代守护。目前，全村有百年以上的古樟树 27 株。这些古树为村里留下了宝贵的生态财富。优美的生态环境，吸引了一波波游客，带动村民增收致富，促进乡村振兴。

▲ 沙县区林业局 / 提供

江西安福

樟树王

树种

中文名 / 樟树
拉丁名 / *Pcamphora officinarum*
科 / 樟科
属 / 樟属

数据

树龄 / 约 2000 年
胸（地）径 / 4.16 米
树高 / 22 米

位置

江西省吉安市安福县严田镇严田村

在吉安市安福县严田镇严田村，一株大樟树历经 2000 余年的岁月，见证了安福文明古县的历史变迁。

古樟树从地面约 5 米处开始分权，高低 5 个枝权如巨龙伸出的五爪擎起巨大的树冠，形似绿罗伞浓荫蔽日，乡民称之为"五爪樟"，现只有三爪完好。

为加强对"五爪樟"的保护管理，安福县组织人员对该树进行常态化巡护巡查，并开展复壮措施，为古树改善透气系统，安装喷淋系统，修补树洞和除虫害等。如今，古树已成为安福县著名的生态旅游景点，2019 年被江西省绿化委员会、江西省林业局评为"江西樟树王"。

◀ 张忠于 / 摄

古樟 湖南平江

树种

中文名 / 樟树
拉丁名 / *Pcamphora officinarum*
科 / 樟科
属 / 樟属

数据

树龄 / 约 2200 年
胸（地）径 / 3.18 米
树高 / 27.5 米

位置

湖南省岳阳市平江县三市镇天湖村

▲ 胡望龙 / 摄

▲ 胡望龙／摄

在岳阳市平江县三市镇天湖村华树庙，一株千年古樟参天而立，独树成景。古樟树雄伟壮观，状如伞盖，粗壮的树干需 7 人才能合抱，树龄约 2200 年。

相传，此树于西汉时期就已长成参天大树。因遇洪灾，当地人为求神灵庇佑，在树旁修建了华树庙。庙宇建成之后，无论多大的洪灾都淹没不到华树庙周围。汉高祖刘邦得知后，封此树为"神树"，美其名曰"渔潭大王"。

古樟树树龄和胸径目前居平江县境内众多古树之最。当地政府对古树进行有效保护，树木生长状况良好，造型美观。2018 年，这株千年古樟树获评"湖南省最美古樟树"。

▲ 曹黎明 / 摄

永兴寿佛樟，位于郴州市永兴县便江街道便江村青布滩，树龄约 1110 年，树冠覆盖面积 2608 平方米，树体粗壮。树上寄生的长藤缠绕枝丫，活像一个草书的"寿"字。

相传，这株千年古樟是无量寿佛释全真亲手栽种，因而古樟树又被当地人称为"寿佛樟"。它汲取了便江山水之灵气，枝繁叶茂，生机盎然，有着"长寿树""吉祥树"之称，被当地百姓称为"镇江之宝"。

湖南永兴
寿佛樟

树种

中文名 / 樟树
拉丁名 / *Pcamphora officinarum*
科 / 樟科
属 / 樟属

数据

树龄 / 约 1110 年
胸（地）径 / 3 米
树高 / 30 米

位置

湖南省郴州市永兴县便江街道便江村

▲ 曹黎明 / 摄

▲ 韦烙炜 / 摄

古樟 广东郁南

云浮市郁南县桂圩镇桂圩村龙岗自然村有一株树龄千年的香樟树。古樟背靠龙头山，面朝双禾社，树如掌形，婆娑而生，呈朝迎晨曦、晚送彩霞之态；树干粗大，枝繁叶茂，主干有一树洞；树根虬曲外露于表数丈，蜿蜒如盘龙。2019 年，古樟被评为"广东十大最美古树"。

树种

中文名 / 樟树

拉丁名 / *Pcamphora officinarum*

科 / 樟科

属 / 樟属

数据

树龄 / 约 1210 年

胸（地）径 / 3.95 米

树高 / 28 米

位置

广东省云浮市郁南县桂圩镇桂圩村龙岗自然村

据记载，龙岗村（古称石龙岗）1600年建村时，古樟已生于此处数百载。虽历经风雨寒暑，古樟树至今仍郁郁葱葱，生机盎然。1948年4月18日，中共粤中区党组织领导的武装起义爆发后，国民党出动4连兵力在龙岗村清剿，粤桂边三罗总队部分队员在布厂转移出村之时被追至大樟树旁，情急之下，当地村民示意三罗队员跳进树洞隐蔽起来。村民们为确保队员安全，当即燃起香火拜树神，树下烟雾缭绕。国民党追至樟树下，四处搜寻未果，只好作罢。队员躲过了追剿，平安转移。此后，这株香樟树被当地人称为"革命树""英雄树"。

▲ 朱敏健 / 摄

133

樟树王 广东乐昌

▲ 朱琳玉 / 摄

树种

中文名 / 樟树
拉丁名 / *Pcamphora officinarum*
科 / 樟科
属 / 樟属

数据

树龄 / 约 1300 年
胸（地）径 / 3.89 米
树高 / 23 米

位置

广东省韶关市乐昌市长来镇安口村贝兴村小组

　　古樟位于安口村贝兴村小组张氏"三公祠"的后龙山上，树体高大雄伟，树形苍劲，基部根瘤虬结呈趴伏状；主干粗壮，树冠呈扇形高耸云天，异常壮观。2020 年，古樟被评为韶关市"十大樟树王"之首。

　　贝兴（原背坑）村历史底蕴深厚，现存张氏三公祠、王氏祖祠、贝兴亭、清代石拱桥等文物古迹。抗日战争时期，此地曾创办国立华侨第三中学，涌现了天文学家叶叔华、火箭专家梁汉宗等著名人物。

　　据当地村民口口相传，1300 年前古村初建时，因"樟"与"张"谐音，种了很多樟树，寓意张氏后裔像樟树一样根基牢固，枝繁叶茂。古樟树在历代村民的保护下得以留存至今。2020 年，当地围绕古樟树，建成樟树王公园。

◀ 朱琳玉 / 摄

龙归古樟

广西富川

树种

中文名 / 樟
拉丁名 / *Pcamphora officinarum*
科 / 樟科
属 / 樟属

数据

树龄 / 约 1400 年
胸（地）径 / 3.98 米
树高 / 23 米

位置

广西壮族自治区贺州市富川瑶族自治县朝东镇
龙归村

　　龙归古樟位于富川朝东镇龙归村的
潇贺古道旁，树体高大，树枝虬曲，巨
大的树冠像张开的绿色大伞，为居民遮
风挡雨。

　　潇贺古道，原称岭口古道，后称楚
粤通衢、富川驿道，起于道州（今湖南
道县），终于临贺（今广西贺州八步区），
是秦汉时期海陆丝绸之路重要的陆路、
水路连接线，也是古代中原连通岭南地
区的交通要道，以及民间贸易和多民族
迁徙交融的重要通道，多元文化在此汇
聚交融。

　　樟树屹立于古道边 1400 多年，见
证了历史的沧桑。1984 年，当地修建公
路时规划线路正好穿过此树。为了保护
古树，公路规划专门做了修改，线路南
移。得益于当地的科学保护，古樟树如
今郁郁葱葱，是广西"十大最美树王"
之一。

❧ 最美古楠树 ❧

古楠树

- "苍然老楠木，几阅风霜影。"悠悠千百年来，楠树苍劲挺拔，巍然屹立在群山沟壑、溪边村落，静观风起云涌，见证自然的变迁。

- 楠树自古就是优良的园林观赏树，树形高大，树干通直，冠层厚重，枝叶浓密，四季常青。古人观赏楠树，留下了许多诗句。唐朝严武《题巴州光福寺楠木》中写道："楚江长流对楚寺，楠木幽生赤崖背。"诗圣杜甫也在《楠树为风雨所拔叹》中发出"倚江楠树草堂前，故老相传二百年"的慨叹。

- 李时珍在《本草纲目》中说："楠木生南方，而黔、蜀山尤多……干甚端伟，高者十余丈，巨者数十周，气甚芬芳，为梁栋器物皆佳，盖良材也。"在中国古代，帝王的宫殿、陵寝和重要的宗教建筑，都采用楠木作为栋梁之材。明清时代，金丝楠木更是皇家专用建材。

古闽楠

福建蕉城

树种

中文名 / 闽楠

拉丁名 / *Phoebe bournei*

科 / 樟科

属 / 楠属

数据

树龄 / 约 550 年

胸（地）径 / 0.86 米

树高 / 23 米

位置

福建省宁德市蕉城区洋中镇溪旁村

▲ 陈 烁 / 摄

　　宁德市蕉城区洋中镇溪旁村的少数民族聚居地"楠园"中有一片楠木林，相传是溪旁村祖先为抵挡洪涝灾害而种在溪边的，现今仅存 8 株。其中，最大的一株树高 23 米，平均冠幅 14 米，树龄约 550 年。古楠木高大挺拔，粗壮的枝干伸向四面八方，稠密的树叶绿得发亮，无论春夏秋冬都生机勃勃。它们是溪旁村的历史见证者，具有重要的历史保护价值。

▲ 永安市林业局 / 提供

古闽楠

福建永安

▲ 永安市林业局 / 提供

树种

中文名 / 闽楠
拉丁名 / *Phoebe bournei*
科 / 樟科
属 / 楠属

数据

树龄 / 约 860 年
胸（地）径 / 1.75 米
树高 / 35.3 米

位置

福建省三明市永安市洪田镇生卿村

永安市洪田镇生卿村管氏祖祠后山，有一株被当地人称为"百年神树"的闽楠。古树高大挺拔，独木成林，郁郁葱葱，势若鹤立鸡群，2017 年被福建省绿化委员会、省林业厅评为"福建闽楠王"，2018 年入选全国 85 株最美古树。

相传 800 多年前，一位赫赫有名的风水先生经过生卿村时，发现当地民风淳朴，可百姓却贫困如洗，便在村中空旷处栽下一株楠木作为"风水树"，使村子阴阳调和，村民发家致富。此后，这株关系着全村风水命脉的"风水树"被当地人世代守护。

楠木王 江西遂川

树种

中文名 / 闽楠

拉丁名 / *Phoebe bournei*

科 / 樟科

属 / 楠属

数据

树龄 / 约 1000 年

胸（地）径 / 1.74 米

树高 / 37 米

位置

江西省吉安市遂川县衙前镇
溪口村

▲ 邓福财 / 摄

吉安市遂川县衙前镇溪口村蜀水河左岸有一处名为茶盘洲的绿洲，其三面临水，北面依山，形如茶盘，"江西楠木王"便坐落于此。

古树为闽楠，树龄约 1000 年，胸围 5.45 米，树高 37 米，平均冠幅 29 米，2019 年获得"江西楠木王"称号。

此树植于宋初，盛于明清。清康熙年间，何氏先祖从广东举家迁居茶盘洲并立下护树家规：古树一株不砍，珍贵树木只栽不砍，建造新房移树定基。何氏后人一直坚守家规，世代守护这棵"楠木王"。

▶ 梁冬红 / 摄

古楠木

湖北宣恩

树种

中文名 / 楠木
拉丁名 / *Phoebe zhennan*
科 / 樟科
属 / 楠属

数据

树龄 / 约 1200 年
胸（地）径 / 2.9 米
树高 / 30 米

位置

湖北省恩施土家族苗族自治州宣恩县长潭河侗族乡中间河村（原猫村子村）古树坪

　　湖北省恩施州宣恩县长潭河侗族乡中间河村的一个山坳处有一棵树身奇大无比的桢楠（楠木）。古楠树高 30 米，胸径 2.9 米，树龄约 1200 年。据专家考证，它是华中地区第一大楠树。

　　古楠树根深叶茂，树形优美，枝叶浓绿，整棵树枝连枝、根连根，构成独树成林的奇观，是湖北一绝，被人们称作"树王"。每年，不少旅游者到宣恩只为一睹树王的风采。楠木的茎、叶、皮有药用价值。很早以前当地曾发生霍乱，吐泻不止的人们服用楠木制作的药材治好了病。于是，人们自发地保护它。不少人也把"树王"当作许愿树，保佑家人长命百岁、平安一生。

　　2011 年，宣恩县人民政府对这株桢楠挂牌保护，由专人管理。

中国古树名木·双百古树

闽楠王

湖南桑植

树种

中文名 / 闽楠
拉丁名 / *Phoebe bournei*
科 / 樟科
属 / 楠属

数据

树龄 / 约 510 年
胸（地）径 / 1.8 米
树高 / 28 米

位置

湖南省张家界市桑植县凉水口镇利溪坪村

位于张家界市桑植县凉水口镇利溪坪村岩塔组的古闽楠，是由当地黄氏先人从湘西永顺县移植过来的。村民认为，此树能保平安、除灾祸，所以世世代代给予良好保护。古闽楠树高 28 米，胸径 1.8 米，树干通直高大，树形优美，树冠遮地一亩有余，是休闲养生的好去处。2017 年，湖南省绿化委员会、湖南省林业局认定此树为全省胸径最大的闽楠，命名其为"湖南闽楠王"。

为科学管护古树，桑植县林业局为古树修建了防护围栏，安装了监控摄像头及温湿度传感器，并将数据接入湖南古树名木管理平台，还组织专家进行现场诊断，采取了拓展根系生长空间等一系列措施。

▲ 向玉龙 / 摄

▶ 向玉龙 / 摄

▲ 刘 坤 / 摄

湖南永州
闽楠

树种

中文名 / 闽楠
拉丁名 / *Phoebe bournei*
科 / 樟科
属 / 楠属

数据

树龄 / 约 510 年
胸（地）径 / 1.6 米
树高 / 43 米

位置

湖南省永州市金洞管理区金洞镇小金洞村桐车湾

　　古楠位于永州市金洞管理区金洞镇小金洞村桐车湾，坐落在金洞楠木主题公园的核心区，系"五代同堂"闽楠群落第一代仅存的天然闽楠。此树独木成林，气势磅礴；树干通直，无旁逸斜出；枝繁叶茂，树形完美，呈蘑菇状，遮天蔽日。古楠树高 43 米，胸径 1.6 米，冠幅 35 米，树龄已有 500 多年。

　　古楠树阅尽人间春色，称得上是金洞林场的神堂木，也是金洞老百姓的保护神。

◀ 刘 坤 / 摄

151

▲ 粟远和 / 摄

闽楠
湖南通道

树种

中文名 / 闽楠

拉丁名 / *Phoebe bournei*

科 / 樟科

属 / 楠属

数据

树龄 / 约 800 年

胸（地）径 / 1.53 米

树高 / 32 米

位置

湖南省怀化市通道县菁芜洲镇江口村官团

怀化市通道县菁芜洲镇江口村里有一株闽楠古树。它主干通直，树形美观，高 32 米，胸径 1.53 米，平均冠幅 17 米，树龄约 800 年。

相传，很久以前江口村的人家因升官而搬迁，后迁入的居民便将此地取名为官团，并认定此古楠木为风水树，世代加以保护。陆续曾有多人想高价购买该楠木及周边古树，但村民不为金钱所动。为了更好地保护古树，村里也不允许在古树边烧香拜祭。

如今，古闽楠周围基本保持原有生境，古树枝繁叶茂，郁郁葱葱，长势很好。

▲ 粟远和 / 摄

古楠木 四川叙永

树种

中文名 / 楠木
拉丁名 / *Phoebe zhennan*
科 / 樟科
属 / 楠属

数据

树龄 / 约 2010 年
胸（地）径 / 3.1 米
树高 / 34.8 米

位置

四川省泸州市叙永县分水镇路井村

泸州市叙永县分水镇路井村有株古楠木，它高大挺拔，四季常青，虽历经 2000 多年的风雨，仍生机勃勃，颇具王者风范。2004 年，这株千年桢楠树荣获四川省"天府树王"称号，并与青城山天师洞的千年银杏、都江堰"张松银杏"等同享盛名。

楠木高 34.8 米，平均冠幅 15 米，树干笔直。树体在大约 10 米高处开始分权，树干中空，树心洞中可放下一张 10 人围坐的方桌。

古树生长地水源丰沛，日照充足。每年农历五月，古桢楠（楠木）开出的白色小花点缀在绿叶之间，充满无限生机。

▲ 曾 刚 / 摄

▲ 曾 刚 / 摄

▲ 罗荣龙 / 摄

四川荥经
桢楠王

▲ 罗荣龙 / 摄

树种

中文名 / 楠木
拉丁名 / *Phoebe zhennan*
科 / 樟科
属 / 楠属

数据

树龄 / 约 1700 年
胸（地）径 / 2.48 米
树高 / 30.5 米

位置

四川省雅安市荥经县青龙镇柏香村云峰寺

雅安市荥经县青龙镇柏香村的云峰寺有近 200 株古桢楠（楠木）树，形成了罕见的古桢楠群落，这里是全国规模最大的古桢楠林。

这些古桢楠树中，有 2 株种植于东晋时期的桢楠王，树龄已有约 1700 年。其中最大的一棵树高 30.5 米，胸围 7.79 米，树身需七八人才能合抱。"桢楠王"历经千年沧桑，树干直冲云霄，树冠遮天蔽日，树根似群龙虬结，曾入选四川省"十大树王"，并入选"中国最美古树"。

古楠木 贵州开阳

树种

中文名 / 楠木
拉丁名 / *Phoebe zhennan*
科 / 樟科
属 / 楠属

数据

树龄 / 约 600 年
胸（地）径 / 1.89 米
树高 / 25.2 米

位置

贵州省贵阳市开阳县冯三镇堕秧村

在贵阳市开阳县冯三镇堕秧村云堡组，一株参天楠木经过 600 多年岁月的沉淀，承载了村庄世代繁衍的记忆。

相传，明朝时墙姓先祖从云南移居到此，种下了这株从云南带来的楠木苗，长成大伞模样的楠木，守护着附近的村民，为人们提供乘凉避暑的好去处。

当地村民对这株古树爱护有加，新中国成立后，国家和地方政府对其进行了挂牌管理。

▶ 杨 济 / 摄

⌘ 最美古槐树 ⌘

古槐树

- 槐树是故乡的代名词，槐在游子心中，每每想起，悠悠槐香荡漾于心中。

- 槐树，原产于中国，其树姿优美，花期较长，寿命可达千年以上。甘肃平凉古槐王巍然屹立3200年，遒劲的树干上镌刻下许多悠远深邃的故事；山西太原唐槐历经1300年岁月，见证了太原古城的历史……

- 在传统文化中，槐树是吉祥和祥瑞的象征，是三公宰辅之位的代名词，更是灾荒年的救命树。"槐豆赈民""南柯一梦"等关于槐树的典故、民间传说至今广为流传。

- "粗缯大布裹生涯，腹有诗书气自华。厌伴老儒烹瓠叶，强随举子踏槐花。"宋朝苏东坡《和董传留别》诗中所写"踏槐花"便是槐树与中国文人密切相关的体现。槐树被中国古人赋予了深厚的人文情怀。

古槐树

河北定州

树种

中文名 / 国槐
拉丁名 / *Styphnolobium japonicum*
科 / 豆科
属 / 槐属

数据

树龄 / 约 930 年
胸（地）径 / 1.27 米
树高 / 10 米

位置

河北省保定市定州市北城区刀枪街

古槐树位于定州市刀枪街文庙院内，是北宋文学家苏轼亲手所植"东坡双槐"之一，树龄已有 900 多年。据《定州志》记载，苏东坡任定州知州时（1094年），来文庙祭孔手植两槐，这两棵槐树被后人誉为"东坡双槐"。居东者，树根凸露，如巨大的龙爪匍匐于地，树干粗大，五六个人手连手不能合围。居西者，树干分裂成板条状的两部分，各向东西，似两个老人负气背道而驰，中空，内可容纳一个七八岁的小孩，卧立皆可。两株古槐造型奇特，"东株如舞凤，西者似神龙"，让人叹为观止。如今，两株古树虽有近千岁树龄，但树叶茂密，英姿勃发。

定州市多年来重视古树管护工作，对东坡双槐进行加固、支撑，并与定州市文化广电和旅游局签订管护协议，明确责任，定期检查并做好巡视记录。

▶ 韩锋 / 摄

固新古槐树

河北涉县

树种

中文名 / 国槐
拉丁名 / *Styphnolobium japonicum*
科 / 豆科
属 / 槐属

数据

树龄 / 约 2000 年
胸（地）径 / 4.46 米
树高 / 25 米

位置

河北省邯郸市涉县固新镇固新村

▲ 尹振海 / 摄

◀ 王志刚 / 摄

固新古槐位于邯郸市涉县固新镇固新村，树高 25 米，树龄约 2000 年，有"天下第一槐"之美誉。民间流传有"明末灾荒，古槐开仓，以槐豆树叶拯救饥民"的说法。古槐树皮上布满了又粗又深的纹路，一侧枝干已经完全枯朽，中空，但东南方向的另一侧却枝繁叶茂，生机勃勃，形成覆盖面积达半亩之多的新树冠。固新古槐是河北省胸径最大、寿命最长的古树，经历 2000 年风雨，仍然年年发芽吐绿、开花结果，令人称奇。

对于当地百姓而言，古树已经成为一种精神象征。每当有远方的客人来观赏古槐，当地人都会热情讲述"槐豆赈民""平身护宅""槐翁传艺解忧难"等关于古槐的传说。

▲ 吕 娜 / 摄　　　　　　　　　　　▶ 杨盛华 / 摄

唐槐 山西太原

树种

中文名 / 国槐
拉丁名 / *Styphnolobium japonicum*
科 / 豆科
属 / 槐属

数据

树龄 / 约 1300 年
胸（地）径 / 2.64 米
树高 / 18.3 米

位置

山西省太原市小店区狄村街 81 号狄仁杰文化公园

太原市狄仁杰文化公园内的唐槐，相传为武周时宰相狄仁杰的母亲手植，并于道光六年立"唐槐"碑，树龄约1300 年。

据《阳曲县志》"唐槐"条目记载："在狄村梁公碑北，相传为梁国公之母手植。邑人张廷铨撰记立石，其略云，狄村地多老槐，村北道西旧有梁国公祠，祠旁一株，径十数围。遂提曰唐槐。道光六年四月既望立。"

关于唐槐还有一个传说。相传狄仁杰在朝为官，狄母十分想念，为了儿子回乡时能有个拴马的地方，便在门前栽下此槐树，故此槐又被称为"拴马槐"。狄仁杰公务繁忙，狄母在树下盼了一年又一年，日久天长，这树的枝条有了灵气，向西弯曲，为母盼儿而低垂枝头，所以这树枝便取名"盼儿枝"。

▲李 进/摄

周槐 山西灵石

树种

中文名 / 国槐
拉丁名 / *Styphnolobium japonicum*
科 / 豆科
属 / 槐属

数据

树龄 / 约 2840 年
胸（地）径 / 2.68 米
树高 / 8 米

位置

山西省晋中市灵石县南关镇西许村

　　周槐，位于晋中市灵石县西许村，树高 8 米，冠幅平均 16 米，树干七八人尚难合抱。

　　据《灵石县志》记载，清雍正十一年（1733 年），周槐最早为私人财产，村民郭贵等自发募捐银两将古槐及树下地基买下充作村中公产。嘉庆二十二年（1817 年），村民胡望海募集白银 60 余两，为古槐砌墙保护，南侧开小溪一条，北侧建神祠三间。得益于乡亲们的精心照顾，古槐久经雨雪风霜，虽树干已中空，但依旧郁郁葱葱，生机盎然。抗战时期，周槐成为抗日据点，遭受了炮弹袭击，但因其根深，死而复生。

　　如今，周槐的子子孙孙在西许村繁衍生息，均为生长健硕的百年大树，已被灵石县政府采取措施予以保护。

▲ 李 进 / 摄

项王手植槐

江苏宿迁

树种

中文名 / 国槐

拉丁名 / *Styphnolobium japonicum*

科 / 豆科

属 / 槐属

数据

树龄 / 约 2200 年

胸（地）径 / 1.5 米

树高 / 12.5 米

位置

江苏省宿迁市项里街道办项里社区项里景区

项王手植槐位于宿迁市项里景区内，树龄约 2200 年，树高 12.5 米，冠幅 15 米，树形优美，生长旺盛。

据明万历年间《宿迁县志》记载："宿迁，古为少昊遗虚，夏、周并徐，属青州，战国时期属宋，秦置下相县，名下相。"据考证，宿迁西郊古城即下相遗址。为纪念项羽，其出生地自古建有纪念建筑，清初坍塌，康熙四十二年（1703 年），宿迁知县胡三俊立碑一方，从此定名为"项王故里"。

2012 年，宿迁市政府对原来的景区进行了改造提升。目前景区占地面积 570 亩，总建筑面积约 40 万平方米。园内建有将署、项王故居、项府、六艺园等。其中，项羽亲手栽植的古槐树和埋有项羽胞衣的古梧桐，历经 2200 余年风风雨雨仍枝繁叶茂，彰显了项羽不朽的英雄霸气。据《江南通志》记载：古槐树"相传项羽所植"，故曰"项王手植"。有诗证曰："率子弟八千终酬大志，留槐花一树好壮英风。"

▲ 陆启辉 / 摄

南柯一梦古槐

江苏广陵

树种

中文名 / 国槐
拉丁名 / *Styphnolobium japonicum*
科 / 豆科
属 / 槐属

数据

树龄 / 约 1300 年
胸（地）径 / 1.4 米
树高 / 8.2 米

位置

江苏省扬州市广陵区汶河街道驼岭巷 10 号

在历史文化名城江苏省扬州市驼岭巷 10 号民居（曾为"槐古道院"）院内，有一株树龄 1300 年左右的国槐，相传《南柯一梦》的故事便发生在此槐树下。

据唐朝李公佐所著《南柯太守传》记载：淮南节度使门下小官淳于棼常与朋友在槐树下饮酒。一天，淳于棼酒醉入梦，梦中被"大槐安国"国王招为驸马，享尽荣华富贵，最终因国王猜疑，被遣而归，万般羞愤之时惊醒，发现自己睡在槐树下。所谓"大槐安国"，不过是大槐树下的一个蚂蚁窝。此后，淳于棼顿悟，做了道士。最后，在大槐树旁建立了槐古道院。

如今，道院不存，而古槐依旧傲然屹立，历经千百年的风风雨雨，看尽人世间的苦乐悲欢。

◀ 扬州市绿化委员会办公室 / 提供

▲ 扬州绿化委员会办公室 / 提供

胡王汉槐 陕西临潼

树种

中文名 / 国槐

拉丁名 / *Styphnolobium japonicum*

科 / 豆科

属 / 槐属

数据

树龄 / 约 2300 年

胸（地）径 / 2.9 米

树高 / 19 米

位置

陕西省西安市临潼区骊山街道胡王村华清小学胡王校区内

胡王汉槐生长于临潼区骊山街道胡王村华清小学胡王校区内，树高 19 米，胸围 9.1 米，冠幅 22 米，树龄约 2300 年。

相传，胡王汉槐与历史上的鸿门宴故事有关。楚汉相争时，刘邦先入咸阳，项羽嫉恨他，便想在鸿门举行宴会时，借机杀了刘邦。鸿门宴上，刘邦在项羽叔父项伯和张良等的协助下化解了险情，并以如厕为由脱身逃走。刘邦仓惶南逃，行至骊山脚下，藏匿在一棵槐树下才躲过了追兵。刘邦称帝后，为感激此槐树护王有功，赐名"护王槐"，槐树所在的村子因树而得名"护王村"。时间久了，因谐音的缘故，"护王村"被人们念成"胡王村"，"护王槐"也就被称为"胡王汉槐"。

胡王汉槐有较高的观赏价值，是活的历史文物。虽历经两千多年岁月，古槐树依然枝叶扶疏，远望似一把巨伞，直撑天地间，别有风韵。

▶ 高 原 / 摄

▲ 张 麟 / 摄

古槐树 **陕西白水**

树种

中文名 / 国槐
拉丁名 / *Styphnolobium japonicum*
科 / 豆科
属 / 槐属

数据

树龄 / 约 2000 年
胸（地）径 / 4.14 米
树高 / 18 米

位置

陕西省渭南市白水县林皋镇古槐村

176

"天下第一槐"生长在渭南市白水县林皋镇古槐村，树体高大，冠大荫浓，树龄约 2000 年。

古槐树胸径 4.14 米，树冠东西长 24.4 米、南北长 29.3 米，树体粗壮，皮如鱼鳞。树干中空，可同时容纳六人，洞内根茎叠生，如嶙峋怪石。树体向上有龙腾之势，人们称作"古槐飞龙"。仰观树顶，葱葱茏茏，从中心向四周扩散而生，铺满天空，像是孔雀开屏。

古槐是白水悠久历史文化的见证，也是白水人民的精神寄托，承载着白水人民的"乡思"和"乡愁"。为了保护古树，白水县对古槐树主干、主枝腐朽中空部分进行清理，并采用防腐措施，对主枝进行支撑；对古槐及附近国槐林的病虫害进行防治；在防治范围 500 米以内，做好古槐日常保健工作，提高古槐抗逆抗灾能力；合理施肥、浇水，做好管理工作。

▲ 白水县摄影协会 / 提供

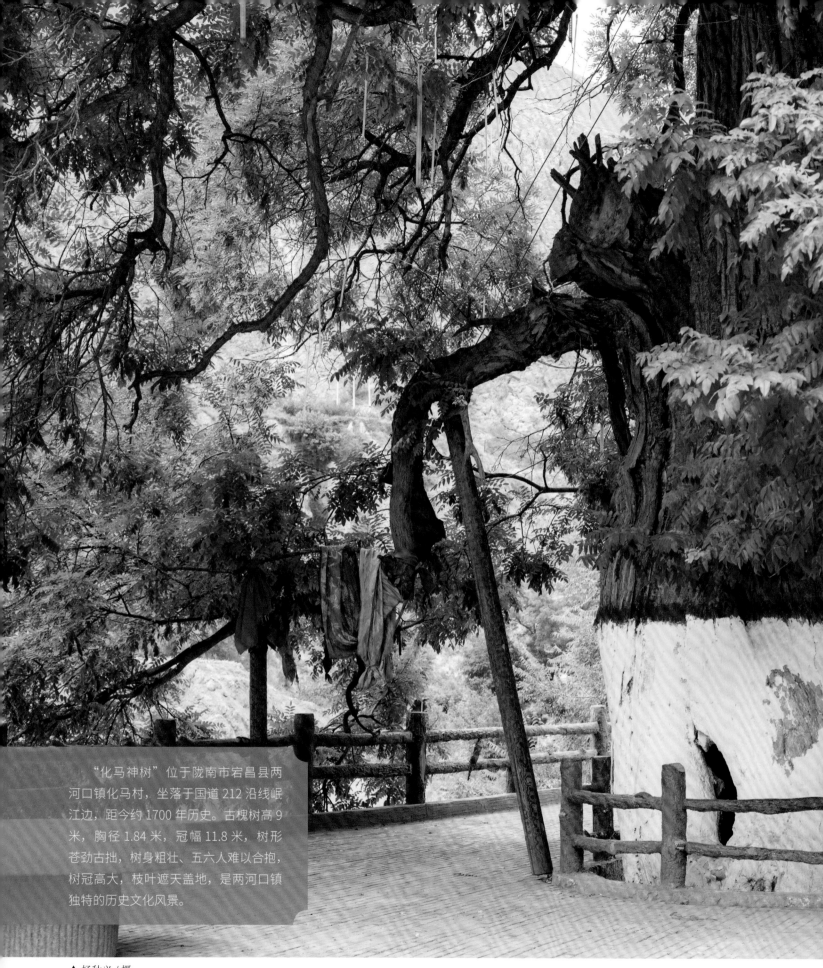

"化马神树"位于陇南市宕昌县两河口镇化马村，坐落于国道 212 沿线岷江边，距今约 1700 年历史。古槐树高 9 米，胸径 1.84 米，冠幅 11.8 米，树形苍劲古拙，树身粗壮、五六人难以合抱，树冠高大，枝叶遮天盖地，是两河口镇独特的历史文化风景。

▲ 杨秋义／摄

甘肃宕昌
化马神树

树种

中文名 / 国槐
拉丁名 / *Styphnolobium japonicum*
科 / 豆科
属 / 槐属

数据

树龄 / 约 1700 年
胸（地）径 / 1.84 米
树高 / 9 米

位置

甘肃省陇南市宕昌县两河口镇化马村

相传 1700 多年前，三国名将邓艾父子率兵伐蜀途经化马村时，兵士劳顿至极，便在古槐下休整纳凉。听闻树上喜鹊鸣叫不停，将士皆言，此乃祥瑞吉兆，伐蜀必胜。邓艾父子欣喜万分，遂将剑柄红绸解下系于树枝，称其为"神树"。化马村村民祖祖辈辈对这株古树敬若神灵。村民凡有外出求学就业、红白喜事或家庭出现不顺之事，就在树丫上挂一条红布为家人祈福。

古树历经数次磨难。树根边崖壁破裂，酷似割取了"神树"肢体的肌肉；岷江改道，犹如抽走"神树"周身的血脉。古树在劫难中一次次起死回生。数年前，甘川公路加固拓宽时，特意在岷江岸边砌起了一面护坡，为古树根部填埋了丰厚的土壤，设置护栏，保护其周围生存环境。如今，古树枝叶茂密焕发生机，为村人遮风挡雨，静静守护着村庄。

▲ 杨秋义 / 摄

华夏古槐王

甘肃崇信

树种

中文名 / 国槐

拉丁名 / *Styphnolobium japonicum*

科 / 豆科

属 / 槐属

数据

树龄 / 约 3200 年

胸（地）径 / 4.14 米

树高 / 26 米

位置

甘肃省平凉市崇信县锦屏镇关河村古槐王景区

华夏古槐王位于平凉市崇信县锦屏镇关河村境内，树高 26 米，胸围 13 米，需 8 至 10 人才能环抱，距今约 3200 年。

古槐王苍劲伟茂，冠盖如云，镌刻下许多悠远深邃的故事。相传，唐初李世民西征时，在浅水原打败了西秦霸王薛举之子薛仁杲。薛部残兵溃退到崇信峡口一带，据险死守。李世民在崇信五龙山一带设立中军帐，派大将徐茂公从正面攻击、尉迟敬德在孙家峡从侧面进攻。鏖战前，尉迟敬德在这株大槐树上拴过战马，在树前坪地上操练过士兵。此次大战，唐军大获全胜，扫清李世民西征路上的障碍。大槐树历经几次"生死劫"的考验，最终也都安然无恙，因此被奉为"神树"，得到当地人世世代代的敬仰和膜拜。

▲ 朱 琳 / 摄

▲ 郭 霞 / 摄

最美古榕树

古榕树

- 榕树是典型的南方树种, 被视为长寿吉祥的象征, 给人以沉稳坚韧之感。

- 常言道"独木不成林", 然而自然界中唯有榕树, 独木可成林。

- 榕树的气根随风起舞, 一接触到地面, 就会变成一株株树干, 母树连同子树, 繁衍不休。

- 在大榕树的庇荫下, 人们可以避风遮雨、纳凉讲古, 老少皆欢。

- 大榕树是天地的见证, 是岁月的告白, 是壮美的化身。

榕树王

福建闽侯

树种

中文名 / 榕树

拉丁名 / *Ficus microcarpa*

科 / 桑科

属 / 榕属

数据

树龄 / 约 1520 年

胸（地）径 / 3.99 米

树高 / 29 米

位置

福建省福州市闽侯县青口镇东台村

闽侯县东台村有一株千年榕树王,树龄约 1520 年。其树形优美奇特,古朴苍劲,庞大壮观,离地约 1.5 米处分为两大枝,分别向两侧横向生长,远远望去,如一座天然拱门,树枝上有鸟筑巢,并寄生多种植物。

古榕主干粗壮遒劲,盘根错节,垂下条条根须,像极了一位悠悠长者,在默默地讲述着这片宁静土地的历史。

"门型古榕"藏在深山始露容,现已成为福州市新的绿色地标,吸引众多游客慕名观赏。2013 年,古榕被福建省绿化委员会、福建省林业厅联合评选为福建省榕树王。

◀ 庄晨辉 / 摄

古榕 福建南靖

树种

中文名 / 榕树
拉丁名 / *Ficus microcarpa*
科 / 桑科
属 / 榕属

数据

树龄 / 约 660 年
胸（地）径 / 4.6 米
树高 / 35 米

位置

福建省漳州市南靖县梅林镇官洋村

　　南靖县的云水谣国家 5A 级旅游景区，是世界文化遗产地。在景区官洋溪岸边就有一株古榕树，胸径 4.6 米，树干需十多人才能合抱，树冠覆盖面积 1600 多平方米，独树成林，蔚为壮观。

　　古榕以优美的外形、得天独厚的位置成为网红打卡点，吸引着一批又一批影视导演、制作人到此取景拍片。1997 年至今，已有《寻找远方的家园》《沧海百年》《云水谣》等 8 部电影、电视剧、MTV 在这里拍摄取景。

◀ 张军基 / 摄

▲ 张军基 / 摄

雅榕 广东罗定

树种

中文名 / 雅榕
拉丁名 / *Ficus concinna*
科 / 桑科
属 / 榕属

数据

树龄 / 约 1030 年
胸（地）径 / 5.16 米
树高 / 23 米

位置

广东省云浮市罗定市加益镇石头村

雅榕古树位于罗定市石头村，树龄逾千年，其树冠覆阴面积达 3000 平方米，枝走龙蛇，宛如群龙腾空，极为壮观。经专家测量，确认其为广东省最大的一株雅榕，被称为"广东雅榕王"。

雅榕根系发达，深深地扎根在土地里，树的枝干展现出豪放不羁、遒劲有力的将者风度。古树极受村民崇拜，村里只要有婴儿降生，家人都会来此向榕树许愿，祈祷小孩子在今后的人生道路上像这株古榕一样，根深叶茂，茁壮成长，福寿绵长。

▲ 加益镇人民政府 / 提供

▲ 加益镇人民政府 / 提供

小鸟天堂

广东新会

▼ 黄永照 / 摄

树种

中文名 / 榕树
拉丁名 / *Ficus microcarpa*
科 / 桑科
属 / 榕属

数据

树龄 / 约 410 年
胸（地）径 / 10 米
树高 / 10 米

位置

广东省江门市新会区天马村

"小鸟天堂"种植于明朝万历年间，距今约 410 年，在当地历代群众的爱护下，形成了覆盖面积达 13340 平方米的榕岛，独木成林。茂盛的古榕林形成独特的小生境，周边有纵横的河道水网为鸟类提供丰富的鱼虾食料和良好的栖息环境，吸引成千上万只鸟在此栖息繁衍。

1933 年，文学大师巴金先生来到天马村，坐船游览大榕树，为其"水网环绕、独木成林、万鸟起落"的自然奇观所陶醉，创作出著名散文《鸟的天堂》。1978 年起，该文章被收录在人教版小学语文课本中。世代居住在此的天马人爱榕爱鸟、护树护鸟，形成鸟树相依、人鸟和谐相处的景象。

▲ 古兆方 / 摄

红军榕

广西融水

树种

中文名 / 榕树
拉丁名 / *Ficus microcarpa*
科 / 桑科
属 / 榕属

数据

树龄 / 约 1300 年
胸（地）径 / 3.52 米
树高 / 22 米

位置

广西壮族自治区柳州市融水苗族自治县三防镇

　　融水红军榕见证了邓小平、张云逸等老一辈无产阶级革命家带领红七军，两次路过融水县时的那段峥嵘历史。

　　1930 年的 5 月，中国工农红军第七军第一次到达三防镇，驻扎休整 5 天。当地群众因为不了解红军，非常恐惧，纷纷上山躲藏。为了迅速消除群众的恐惧和疑虑，张云逸军长在三防镇这株大榕树下召开群众大会，向群众宣传共产党的政治主张和政策，揭露土豪劣绅的种种罪行，并号召群众参加革命。这次大会在融水县少数民族地区播下了革命火种，群众称这株榕树为"红军榕"。同年 11 月，红七军再次到达三防，召开党员扩大会议，军政委邓小平作重要报告。

　　红军榕目睹了许许多多革命前辈英勇无畏的光辉形象，它苍劲的身姿、绵长的气须，犹如一位慈祥的长者，默默地守护着脚下这一方水土。

◀ 雷超铭 / 摄

▲ 雷志岚 / 摄

广西阳朔
大榕树

树种

中文名 / 榕树

拉丁名 / *Ficus microcarpa*

科 / 桑科

属 / 榕属

数据

树龄 / 约 1500 年

胸（地）径 / 2.87 米

树高 / 18 米

位置

广西壮族自治区桂林市阳朔县高田镇凤楼村

　　阳朔大榕树位于高田镇凤楼村大榕树景区内。大榕树盘根错节，枝繁叶茂，硕大的树冠可谓遮天蔽日。从树干上垂下来的 25 根气根深深地扎入地下，气根粗壮，不但为母树输送养分，还为粗大的树干起到支撑作用。

　　高田镇是一个壮族聚居的地方，当地人有敬山、水、石为神的习俗，长寿的大榕树是他们心中的神，每逢农历初一、十五便会有许多村民到榕树前祭拜，祈求健康长寿、儿孙绕膝。

　　在 20 世纪 60 年代初的经典爱情片《刘三姐》中，阿牛哥与刘三姐情定终身的戏就是在这株大榕树下拍摄的，因此大榕树又被称为"爱情树"。大榕树见证了许许多多有情人在这里互定终身，是纯洁爱情的象征。

▲ 黄开明 / 摄

树抱佛

四川乐至

树种

中文名 / 黄葛树
拉丁名 / *Ficus virens*
科 / 桑科
属 / 榕属

数据

树龄 / 约 1420 年
胸（地）径 / 1.6 米
树高 / 16.2 米

位置

四川省资阳市乐至县龙门镇报国村报国寺

　　位于乐至县龙门镇的报国寺有"三绝"，其中最神奇的就是"千年古树抱千佛"。

　　古榕树树高 16.2 米，胸径 1.6 米，平均冠幅 27 米，历经 1400 多年风风雨雨，仍郁郁葱葱，充满生机。因其在盘根错节的树根中镶嵌有千余尊神态各异、大小不一的摩崖造像，形成了佛像与树相伴而生的奇异景观，被当地民众称为"树抱佛"，颇具艺术价值和观赏价值，先后引来诸多考古界、佛教界的专家对其研究考证。2010 年 7 月，央视《走进科学》栏目组也实地拍摄探寻千年"树抱佛"背后的"秘境"故事。究竟是先有树还是先有佛像，生生不息演绎千年的神秘传奇至今仍然是个谜。

　　"树抱佛"见证了报国寺悠久的历史，也为千年古刹增添了一抹神秘的色彩，成为寺院不可错过的一道风景，吸引着四面八方的善男信女前来祈福。

▶ 黄开明 / 摄

197

▲ 刘超龙 / 摄

四川旌阳
黄葛树

树种

中文名 / 黄葛树

拉丁名 / *Ficus virens*

科 / 桑科

属 / 榕属

数据

树龄 / 约 2230 年

胸（地）径 / 3.35 米

树高 / 32.5 米

位置

四川省德阳市旌阳区黄许镇仙桥村

在德阳市旌阳区仙桥村，有两株被称为"许愿树"的黄葛树相依而生，这两株黄葛树是旌阳区树龄和胸径最大的两株古树，络绎不绝的人们，年年为它们披红挂彩，祈祷祝福。黄葛树巨大的树冠遮蔽日光，洒下一片浓荫，空中时有鸟儿鸣啼，形成了"仙桥宿雾"的美景，被评为老德阳八景之一。

仙桥宿雾今何在？天遂人愿有树知。

相传，方士韩仲奉秦始皇之命寻找长生不老药，四处游走，到如今的德阳市仙桥村地界时，见此地水碧山青，白鹭翩翩，遂将寻药之事抛诸脑后，在此地行医。他医术精良，帮助很多百姓解除了病痛，被尊为"韩神仙"。待功德圆满，仙人桥变成了韩仲飞升之地。他生前亲手所植的两株黄葛树也被当地人称作"仙人树"。

▼ 郭秋池 / 摄

高山榕

云南勐海

树种

中文名 / 高山榕
拉丁名 / *Ficus altissima*
科 / 桑科
属 / 榕属

数据

树龄 / 约 1000 年
胸（地）径 / 6 米
树高 / 42 米

位置

云南省西双版纳傣族自治州勐海县打洛镇打洛村

在勐海县打洛镇的独树成林公园，有一株高达 42 米的古榕树，当地少数民族称之为"美龙卡"，翻译成汉语是"独树成林"。

据植物专家测算，这株古榕树树龄约 1000 年，冠幅南北 50 米、东西 60 米，树左右两侧的主枝上，有 36 条大小不等的气生根，垂直而下、相互交缠、盘于根部、扎入泥土，形成根部相连的丛生状支柱根。塑造出一树多干的奇特景观，既像一道篱笆，又像一道天然的屏风，是热带雨林中一大奇景，彰显了大自然鬼斧神工的艺术魅力。

在西双版纳，这株古榕树不仅是一道风景线，更蕴涵着深厚的傣族民俗文化。传说，那些支柱根原来是缠在树上的大蟒和小蟒，它们白天缠绞榕树，夜里四处活动，捕食人们饲养的家畜，后来被傣族人民用箭钉在榕树上，上粘树干，下连泥土，才渐渐变成榕树的气生根和支柱根，形成了这株独树成林的高山榕。

▲ 詹本林 / 摄

▲ 詹本林 / 摄

▲ 康若富 / 摄

树包塔 云南景谷

树种

中文名 / 高山榕
拉丁名 / *Ficus altissima*
科 / 桑科
属 / 榕属

数据

树龄 / 约 370 年
胸（地）径 / 6.2 米
树高 / 28 米

位置

云南省普洱市景谷县威远镇威远街村勐卧总佛寺

在景谷县勐卧总佛寺前，两侧各有一座佛塔，相距 30 米，南北向并列，像两名忠诚的卫士，守护着大金殿，一个叫"塔包树"，一个叫"树包塔"。它们被人们誉为滇西南奇观，中华塔林一绝，是景谷县的无价之宝。

两座佛塔均建于 1644 年，塔的造型结构相似，均系高基座砂石浮雕佛塔，"树包塔"位于左侧，塔顶上有一株菩提树（高山榕），树高 28 米，生意葱茏，粗壮纷乱的根须枝条从上到下把塔身缠绕得严严实实，树与塔融为一体，巨大的树冠像一把大伞，笼罩在塔顶，布下了 20 多平方米的荫凉。

据傣文经书记载：在建造双塔至三分之二时，勐卧法弄（土司）和建塔主墨师做了相同的梦，梦见观音菩萨乘坐莲花宝座腾云驾雾而来，把金光闪闪的舍利子安放在两座塔中。第二天，他俩一起去看双塔，果然看到双塔顶端金光闪闪，照亮了整个佛寺，他们合掌跪拜佛祖。自此，每到夜晚双塔顶上光芒四射。后来，两座佛塔顶上各长出了一株菩提树。随着年代的增长，逐渐形成了现在的"树包塔""塔包树"景观。

▲ 康若富 / 摄

❦ 最美古榆树 ❦

古榆树

- 榆树，一种伴随了中华大地走过了上千年历史的普通树木，在经历了中华文化的洗礼后，形成了独具特色的"榆树文化"，它不仅植根于中华大地的沃土之中，也深深地植根于中华民族的思想意识之中。

- 榆树在我国的栽培史十分悠久。殷商时期的甲骨卜辞中就有"榆"象形文字的发现，《管子》一书中也曾记载"五沃之土，其榆条长。"由此可见，我国榆树的栽种最早应当在殷商时期。

- 此外，《韩诗外传》也有榆树的记载，"楚庄王将伐晋，令曰：'敢谏者死。'孙叔敖曰：'臣园中有榆，榆上有蝉，方奋翼悲鸣，饮清露。不知螳螂之在其后也。'"

- 榆树大量种植在边塞，爱国诗人陆游在描写边塞诗文的时候，便经常使用"榆关"，如"日驰三百里，榆关赴战期。"短短的诗句中，蕴含着诗人忧国忧民的情怀。

- 而今，榆树威而不显，侠而不娇，守护着一座座美丽的城市。

▲ 李金龙 / 摄

古榆 河北张家口

树种

中文名 / 榆树

拉丁名 / *Ulmus pumila*

科 / 榆科

属 / 榆属

数据

树龄 / 约 650 年

胸（地）径 / 2.23 米

树高 / 28 米

位置

河北省张家口市赤城县样田乡上马山村

　　马山村周边植被茂密，群山环绕，白河横穿其中，村口两株白榆挺立辉映。其中一株树龄约 650 年，树高 28 米，胸围 2.23 米，粗大的主枝向天空竞相伸展，生机勃勃。

　　传说，两兄弟上山砍柴时，哥哥被雷电劈中变成了榆树，弟弟为了寻找哥哥最后也变成了榆树，所以当地人称它们为"兄弟榆"。

　　如今，这两株古榆枝如虬龙，旁逸斜出，夏季亭亭如盖，冬季瑞雪满枝，"兄弟榆"树枝与树枝在空中云海相握，树根与树根在地下交错纵横，"兄弟"同生共长，吸引了无数游人前来观赏。

▲ 郭万义 / 摄

古榆　内蒙古开鲁

树种

中文名 / 榆树

拉丁名 / *Ulmus pumila*

科 / 榆科

属 / 榆属

数据

树龄 / 约 1300 年

胸（地）径 / 1.8 米

树高 / 15 米

位置

内蒙古自治区通辽市开鲁县大榆树镇榆树村

▲ 贾明齐 / 摄

▲ 贾明齐 / 摄

古榆树位于开鲁县大榆树镇榆树村，沧桑奇伟、卓尔不群，树龄约 1300 年，至今仍生机勃发。

相传辽太祖耶律阿保机少年时曾到树下避难，明成祖朱棣也曾到过树下。史载康熙皇帝来巡视奈曼旗与敖汉旗，沿辽河而上，来到树下小憩，命侍从寻水，侍从拔出插在古榆东北角的长枪，清泉随之喷涌而出，犹如白练，饮之甘冽。康熙皇帝大喜，当即封为"圣水"。周边百姓，争相取饮，于是就地掘井，称"圣水井"，现遗迹尚存。

现如今，围树建园，称"古榆园"，已成为通辽地区的知名景点，来自四面八方的游客争相一睹千年古榆风采，来树下祈福。

▲ 张晓亮 / 摄

内蒙古喀喇沁
古榆

树种

中文名 / 榆树
拉丁名 / *Ulmus pumila*
科 / 榆科
属 / 榆属

数据

树龄 / 约 560 年
胸（地）径 / 2.02 米
树高 / 22 米

位置

内蒙古自治区赤峰市喀喇沁旗美林镇旺业甸村

在喀喇沁旗美林镇旺业甸村的村口，一株老榆树默默地守卫着村庄。

这株树龄约 560 年的老榆树看过兵荒马乱，也看过五谷丰登。它虽不是秦槐汉柏、唐松隋桧，但却是旺业甸历史的见证者。老榆树随风摇曳的枝叶，仿佛饱经风霜的老人在述说旺业甸的沧桑变化，又以崭新的姿态，焕发着勃勃生机。

老榆树是旺业甸村的福树，每年春末夏初，榆钱缀满枝头，微风吹来，绿波荡漾。过去青黄不接时，又甜又大的榆钱和厚实的榆树皮，给村民当粮食，救济了附近的几代人。明代吴宽的"生钱闻可食，贫者当果蓏"便是用榆钱充饥的真实写照。

辽宁清原
古榆树

树种

中文名 / 榆树
拉丁名 / *Ulmus pumila*
科 / 榆科
属 / 榆属

数据

树龄 / 约 800 年
胸（地）径 / 1.97 米
树高 / 28 米

位置

辽宁省抚顺市清原满族自治县清原镇长山堡村

在清原满族自治县城东北 5 公里处的长山堡村，耸立着一株铁干虬枝、亭亭如盖的古榆树，遒劲的枝干向外伸展，尽显婆娑之姿。夏日的古榆树下，树荫清凉，十分幽静，村民在辛勤劳作之余，总喜欢到这里纳凉休憩。

经测定，这株古榆树约萌发于金代中期，是目前清原县境内年代最久远、胸径最大的古树。

村民保护古榆的意识一直很高，保护古榆的习俗一直沿袭下来。千百年来，瓦窑古榆就像一位慈祥仁厚的母亲，守望着滚滚西去的浑河圣水，庇荫着这片热土上的村民百姓。

▲ 潘大为 / 摄

▲ 潘大为 / 摄

辽宁抚顺
马圈子古榆

树种

中文名 / 榆树
拉丁名 / *Ulmus pumila*
科 / 榆科
属 / 榆属

数据

树龄 / 约 500 年
胸（地）径 / 2.1 米
树高 / 22 米

位置

辽宁省抚顺市抚顺县马圈子乡马圈子村

　　长白山脚下的抚顺县马圈子乡，共有八大沟川，九条山脉，素有"九龙聚会"之称，就在马圈子村一个三岔路口处，矗立着一株高大的榆树。据当地人代代相传，薛礼征东曾在这株树上拴过战马。

　　大榆树高 22 米，胸径 2.1 米，树干粗壮挺拔，叶色浓绿，生机盎然。

　　古榆树犹如一位长者，屹立在路中央，为人们指引回家的方向。它守护着当地百姓，被大家视为守护神。每逢传统节日，都有百姓前来祭拜，祈求万事顺遂。

◀ 潘大为 / 摄

▲ 赵冷冰 / 摄

古榆 吉林通榆

树种

中文名 / 榆树
拉丁名 / *Ulmus pumila*
科 / 榆科
属 / 榆属

数据

树龄 / 约 750 年
胸（地）径 / 1.24 米
树高 / 15 米

位置

吉林省白城市通榆县瞻榆镇卫国村

位于通榆县瞻榆镇卫国村的一株古榆树像一根擎天玉柱矗立在高出地面 10 余米的沙岗上。古榆约 750 年的树龄，依然根深叶茂、劲峭苍美，尽显生命的顽强与坚韧。

通过石碑记述，古榆树生长于宋末元初。清顺治六年（1649 年）春，北方大旱，方圆百里的百姓聚在榆树下祈祷三天三夜，喜获甘霖。风水云烟浸染、日月光华洗练，人们都相信老榆树有了灵气，此后有百姓连年在榆树下祈求安居乐业。

清末此地建制，有王姓道台到此巡抚，见神榆有感而吟"瞻榆修末，望杏耕田"，此地因此被冠名为"瞻榆"。

瞻榆镇地处吉林省与内蒙古自治区交界的风沙肆虐区，古榆因极强的抗旱抗风沙能力得以顽强生存。老榆树是瞻榆人民与风沙、干旱抗争的精神化身。

▲ 赵冷冰 / 摄

古榆 黑龙江肇源

树种

中文名 / 榆树
拉丁名 / *Ulmus pumila*
科 / 榆科
属 / 榆属

数据

树龄 / 约 360 年
胸（地）径 / 1.75 米
树高 / 18 米

位置

黑龙江省大庆市肇源县和平乡和平村

　　古榆树龄约 360 年，树高 18 米，胸径 1.75 米。古榆独树成林，枝叶繁茂，树冠覆盖面积 740 平方米，五根枝干宛若人的五根手指，树冠伸展呈伞形，似古代皇帝龙辇的宝盖，因此得名"玉皇辇"。

　　一直以来，这株黛色斑驳的古榆都被视为当地的"神树"，在条条红色祈福带的映衬下，更显古朴神秘。

　　如今"玉皇辇"已成为肇源县重要的旅游景点和黑龙江省内知名网红打卡地，游人们怀揣着对美好未来的期盼，从各地赶来观赏。

▶ 牟景君 / 摄

▲ 姜建军 / 摄

安徽青阳
红果榆

树种

中文名 / 红果榆
拉丁名 / *Ulmus szechuanica*
科 / 榆科
属 / 榆属

数据

树龄 / 约 600 年
胸（地）径 / 1.6 米
树高 / 30 米

位置

安徽省池州市青阳县朱备镇东桥村

在青阳县九子岩风景区内地藏洞旁，一株树高 30 米、树围 5 米有余、冠幅 15 米的红果榆古树高高矗立。古树枝干遒劲有力，一枝直立擎空，一枝向南舒展，造型优美。另有一株枫香古树与之相互呼应，相得益彰。

相传，这里曾是新罗僧人金乔觉在九子岩的修行之处，他在此地藏洞中修行了 6 年之久。枫榆二树恰好谐音"风调雨顺"，多年来一直为乡民所膜拜。

▲ 姜建军 / 摄

榔榆

陕西永寿

树种

中文名 / 榔榆
拉丁名 / *Umus pavifolia*
科 / 榆科
属 / 榆属

数据

树龄 / 约 1700 年
胸（地）径 / 2.26 米
树高 / 18.6 米

位置

陕西省咸阳市永寿县甘井镇五星村

在永寿县，有一株树龄约 1700 年的榔榆，树形美观、树体雄伟，树冠覆盖面积 400 余平方米，树根凸露地面，盘根错节，酷似蛟龙立地，连通着天地间的灵气与生息。古榆树身表皮呈灰色，裂成不规则鳞状拨片，剥落后，露出红褐色内皮，凹凸不平极似豹斑，当地人又称其为"古豹榆木树"。

古榆树高近 20 米，硕大的树冠遮天蔽日，好似一顶天然形成的伞。

千百年来，古树在岁月流逝中历经沧桑，经受过各种自然灾害，依旧顽强地生存着、成长着。

▲ 师响亮 / 摄

▲ 师响亮 / 摄

▲ 穆玉琴 / 摄

白榆　新疆昌吉

树种

中文名 / 榆树
拉丁名 / *Ulmus pumila*
科 / 榆科
属 / 榆属

数据

树龄 / 约 190 年
胸（地）径 / 0.85 米
树高 / 7.5 米

位置

新疆维吾尔自治区昌吉回族自治州阜康市天池景区

在阜康市天山天池北岸边，有一株郁郁葱葱、傲然屹立的古榆树。在海拔近 2000 米的地方，一般不适于榆树生长，但这里却生长着一株大叶榆和小叶榆杂交树，而且仅此一株。令人称奇的是，无论丰水期还是枯水期，水位怎么涨落都淹不到这株神树，人们称之为"定海神针"。

相传，当年王母娘娘开蟠桃盛会，广邀各路神仙，唯独没请瑶池水怪。席间水怪兴风作浪，搅得天昏地暗。王母娘娘怒不可遏，拔下头上的一根碧玉簪置入水中，天池湖面顿时风平浪静，水怪降服，蟠桃会照常进行。随后，那枚碧玉簪落地生根，化成一株榆树，镇守在天池边。

▲ 王 林 / 摄

中国古树名木

国树木

「双百」古树

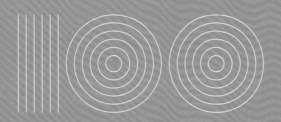

100 个最美古树群
TOP 100 ANCIENT TREE CLUSTERS

古树群 北京中轴线

平均树龄 / 约 260 年
株　　数 / 6602 株
面　　积 / 8850 亩
树种类型 / 侧柏占 59.95%，桧柏占 35.82%
位　　置 / 北京市东城区、西城区（中轴线申遗范围）

　　北京中轴线位于北京老城中心，纵贯老城南北，全长 7.8 公里，自北端钟鼓楼，向南经万宁桥、景山，过故宫、端门、天安门、外金水桥、天安门广场及建筑群、正阳门、中轴线南段道路遗存，至南端永定门，太庙和社稷坛、天坛和先农坛分列中轴线东西两侧。它涵盖了古代皇家宫苑建筑、古代皇家祭祀建筑、古代城市管理设施、国家礼仪和公共建筑、居中道路遗存等不同类型的历史遗存，联系起宏伟、庄严的国家礼仪场所和繁华、热闹的市井街市，形成了前后起伏、左右均衡对称的景观韵律与壮美秩序，是中国传统都城中轴线发展至成熟阶段的典范之作。

▲ 故宫连理柏 杨树田 / 摄

▲ 太庙鹿形柏 王英博 / 摄

▲ 中山公园辽柏　王英博 / 摄

北京中轴线古树群是古都北京乃至全国唯一一处以城市中轴线文化遗产区域划定的古树群。在中轴线范围内，有大约 6600 株集中生长在故宫、景山、太庙、社稷坛、天坛、先农坛 6 处著名遗产点内不到 6 平方公里的区域中。

▲ 天坛螺旋柏 闫淑信／摄

▶天坛九龙柏 杨树田／摄

这些沧桑的古树，让人感受到中国古代皇家坛庙中"仪树"的端庄、"海树"的广袤，认识到古人心中的"天人合一"，意识到当代尊重自然、顺应自然、保护自然，建设人与自然和谐共生的现代化的重要性和必要性。北京中轴线上的古树群不仅凝聚了中国古代劳动人民的勤劳智慧，体现了古都北京皇家园林文化和古树文化丰厚的历史文化底蕴，更是一代代古树管护者历经千百年不懈努力的成果结晶，是"活的文物"和不可移动文物联动保护的集中体现。

▲ 中山公园槐柏合抱 杨树田／摄

▲ 王英博 / 摄

北京大学 古树群

平均树龄 / 约 200 年

株　　数 / 538 株

面　　积 / 4117 亩

树种类型 / 桧柏占 54.27%

位　　置 / 北京市海淀区北京大学校园内

北京大学别称燕园，包括淑春园、勺园、朗润园、镜春园、鸣鹤园、蔚秀园、畅春园、承泽园等，在明清两代是著名的皇家园林。燕园内现存古树 538 株，包括较为罕见的古七叶树和古流苏树在内的十余个树种。

在燕园，随时都会与古树不期而遇。从西门进入，红楼与绿树交相辉映，绿地周围分布着 30 余株古树。高大的古树静默不语，兀自挺立。华表南侧有一株古银杏，树龄超过 300 年，树高 16 米，平均冠幅 16 米。

在高耸的博雅塔下，湖光塔影，古树婆娑，学子们在树下且读且歌，令人疑入桃花源。这些古树，守护着学子们的理想与初心。

▲ 王英博 / 摄

北京明十三陵古树群

明十三陵是世界文化遗产，是明朝迁都北京后 13 位皇帝陵墓的总称，修建历时 230 多年。皇帝陵寝采用的都是地宫深埋，然后在陵寝之上广植松柏，体现了中国人对于自然的尊重、寻求与自然和谐的精神追求。明十三陵古树群内的 4000 余株古树多为人工种植和自播繁衍的树木，树种选择充分体现了中华民族传统的礼制文化。

皇家陵园对树木种植要求十分严格，帝陵的神道两侧及祾恩殿前的"仪树"体现了礼制等级森严。明十三陵神道两侧修建之初曾栽植松、柏树各六行，明朝灭亡后被砍伐殆尽。在各皇帝陵的明楼、宝城、宝顶和陵垣内外依据地势栽种数以千计的树木，称为"海树"。"海树"的种植相对自由灵活，讲究树种多样、参差错落、远近疏密、前后掩映，除了可以烘托建筑的气势恢宏外，还有防止风沙侵蚀建筑的防护作用。明十三陵的"海树"曾经规模浩大，《昌平山水记》中记载"自大红门以内，苍松翠柏无虑数十万株"。

明十三陵内还曾经种植有经济林。陵园守卫人员数量众多，生活清苦，为了补贴用度，在陵区附近种植果树。很多北京常见的水果，比如桃、李、梨，其最古老的品种都来自昌平一带。

平均树龄 / 约 190 年
株　　数 / 4401 株
面　　积 / 60000 亩
树种类型 / 侧柏占 89.36%
位　　置 / 北京市昌平区明十三陵景区

▲ 刘 飞 / 摄

234

▲ 北京市昌平区园林绿化局 / 提供

235

古树群 北京上方山

平均树龄 / 约 110 年
株　　数 / 1154 株
面　　积 / 4939.5 亩
树种类型 / 侧柏、桧柏占 95%
位　　置 / 北京市房山区韩村河镇圣水峪村上方山国家森林公园

　　上方山是京西旅游胜地，历史悠久，古迹众多。游览上方山，除了感受云梯的陡峭险峻、云水洞的熔岩地貌、兜率寺的佛教文化，更多是为古树奇景所惊叹。山谷间微风徐来，松柏散发沁人心脾的清香，发出籁籁声响，游人的心境也随之舒爽开来。

　　这里登记在册的古树有 1154 株，主要分布在上方山兜率寺，以西至吉利崖、以东至钟楼，既有人工种植的油松、银杏、蜡梅等，也有自然生长的青檀、侧柏、麻栎等。其中，最为出名的一株是位于兜率寺西北吕祖阁院内的千年柏树王，树龄 1500 多年，树干需 4 人合抱，6 个主枝撑起的树冠遮掩了吕祖阁大半个院子。另外，不得不提的是松蓬庵院内西北角的古蜡梅，树龄约 350 年，经专家辨识，品种为"九英黄"，在北京地区系首次发现。蜡梅初开时节，晶莹的雪花落在黄色花瓣上，暖阳将琼枝描画在红墙上，为寒冷的季节平添几分灵动与诗意。

▲ 尚海忠 / 摄

▶ 陈明星 / 摄

上方山古树之所以能够很好地保存下来，和当地保护古树的传统密不可分。有碑文记：金崇庆元年（1212年），上方山附近山民哄伐上方山林木，寺院制止无果，善辛大师到奉先县县衙告状，县衙就此颁布了《奉先县禁斫林木榜》，公告不得随意砍伐寺院辖界内的林木，为此立碑为凭。这应该是北京最早的古树保护法规了，自此也开启了上方山保护古树的传统。

河北赵县
古梨树群

平均树龄 / 约 180 年
株　　数 / 3090 株
面　　积 / 1126.5 亩
树种类型 / 鸭梨占 66%，雪花梨占 34%
位　　置 / 河北省石家庄市赵县范庄镇南庄村

　　赵县是国务院命名的"千年古县"，区域内古树众多，分布于城乡各镇。赵县南庄村西回新线南侧，古梨树成方连片，形成了古梨树群落。群落内百年以上古梨树有 3090 株，其中一级古梨树 5 株，二级古梨树 50 株，三级古梨树 3035 株，平均树高 4 米，平均树龄约 180 年，平均胸围 1.75 米。

　　经过科学保护，南庄古梨树群整体生长健壮，果实累累，形成"春季花开如雪、夏季满目苍翠、秋季硕果满枝、冬季状如虬龙"的独特景观。

　　多年来，赵县对区域内古树名木实施挂牌保护，大力推进旅游业发展，使古梨树成为富民、富县的有效载体。

◀ 陈春荣 / 摄

古梨树群 河北伍烈霍

平均树龄 / 约 160 年
株　　数 / 600 株
面　　积 / 600 亩
树种类型 / 梨树
位　　置 / 河北省邢台市宁晋县苏家庄镇伍烈
　　　　　霍村

宁晋县是"中国鸭梨之乡""全国梨产业十强县"。据《宁晋县志》记载：清道光十九年（1839 年）滹沱河北徙，东起司马、浩固西至米家庄形成沙荒，梨树由零星种植，逐步成行成片栽种，伍烈霍村正值此片。

伍烈霍村是远近闻名的梨果专业村，有 100 年以上古梨树 600 株。村民保护梨树，百年相继，保存了一处堪称"活的文物"的"梨园博物馆"。

近年来，伍烈霍村以生态化、规模化、品牌化为路径倾力打造绿色梨果之乡，积极引进新品种，初步形成了集观光、采摘、教育等为一体的特色梨产业集群发展模式，为促进梨果产业发展起到了引领和示范作用。2006 年伍烈霍村被命名为"河北省第二批果品增收示范村"，2018 年获评全国"一村一品"示范村（宁晋鸭梨），2020 年以来连续 3 年被评为"全国特色产业产值亿元村"。

▲ 王静磊 / 摄

河北大滩林场
云杉古树群

平均树龄 / 约 280 年
株　　数 / 25000 株
面　　积 / 550 亩
树种类型 / 云杉占 90%，白桦占 4%，山杨占 3%，落叶松占 3%
位　　置 / 河北省承德市丰宁满族自治县大滩林场

　　丰宁大滩林场云杉（白杆）古树群位于冀北山地与内蒙古高原的交汇处，群落内树龄最大的云杉超过 350 年，胸径最大的 0.72 米，树高可达 25 米，是华北地区保存面积最大的原始云杉林，堪称"华北森林之冠"。

　　云杉古树群历史悠久，来源说法不一，但流传下来最多的还是飞鸟衔来的种子遗落在这片肥沃的土地上，落地生根，借助大自然适宜的气候，使得树木在这里繁衍生息，久而久之，演变成现在的古树群。

　　景区内云杉形态各异，生长旺盛，枝干挺拔，枝叶葱郁，头如伞状。云杉是公认的负氧离子制造者，据测量，这里的负氧离子已达到每立方厘米 10000 个，成了名副其实的天然氧吧。

　　2019 年，千松坝云杉林被评为"中国最美森林"。2021 年，大滩林场成功入选"森林康养林场"。

　　1958 年丰宁国有林场成立，将云杉林划入国有林场。多年来，一代代林场人呕心沥血精心呵护着这片古树群，在防火、防偷砍盗伐、禁牧、有害生物防治等方面做了大量的工作，制定了严密的管护制度，严格落实包保责任制，使古树群得以健康生长，完整保存至今。

◀ 邢 林 / 摄

河北清西陵
古树群

平均树龄 /	约 220 年
株　数 /	13950 株
面　积 /	37168 亩
树种类型 /	油松占 95%
位　置 /	河北省保定市易县清西陵

▲ 孙旭扬 / 摄

244

清西陵古树群位于世界文化遗产、全国首批重点文物保护单位——清西陵保护区范围内，是清西陵的重要组成部分和构成要素。

清西陵古松平均树龄 220 年，最老的近 500 年，最小的也有 100 年（主要分布在崇陵），是名副其实的华北地区最大的人工古松林、天然氧吧。清西陵古松不仅数量众多，而且造型各异，风姿绰约，其中有偎依泰陵的蟠龙松、俯身展枝的墓陵迎客松、身披龙鳞的崇陵白皮松，等等，分布随山就势，漫道蜿蜒，满域皆画。

清西陵始建于雍正八年（1730 年），有陵寝和附属建筑 16 处。至民国四年（1915 年）的 185 年间，古树名木作为荫护陵寝的组成部分（现遗存均为松、柏），其种植养护贯穿始终。至清亡，兆域内古树名木（以松柏为主）存有量共 20 余万株。民国时期，陵区古松林被军阀大肆盗伐盗卖，数量锐减。新中国成立后，清西陵古松受到了高度重视与保护。经统计，清西陵古松（柏）存量为 1.3 万余株，全部挂牌并档案记录。

近百年来，清西陵古松柏（林）从破坏到保护的过程，是国家日益繁荣的历史缩影与见证，蕴含着不可替代的历史、旅游、科考、艺术等多重价值。

▲ 赵兴坤 / 摄

▲ 赵兴坤 / 摄

▲ 赵 俊 / 摄

山西稷山
板枣古树群

平均树龄 / 约 600 年
株　　数 / 87500 余株
面　　积 / 300 亩
树种类型 / 稷山板枣
位　　置 / 山西省运城市稷山县稷峰镇陶梁村、姚村

　　稷山板枣历史悠久。据记载，稷山板枣的栽培始于尧舜禹时期，大面积栽植于北魏孝文帝太和九年实行均田制之时，栽培及加工技术成熟于东魏。隋、唐、北宋、金元时期，随着"岐黄之术"的发展，历代皇室多将其列为"贡品"。

　　稷山县古枣树群中现存千年以上古枣树 17500 株，500 年左右树龄枣树 5 万余株，100～500 年树龄的 2 万余株，是名副其实的"万株千年"板枣古树群。

　　虽经沧桑巨变，但稷山板枣依然挂果产枣，为百姓带来收益。在这里古枣树连片成林，千姿百态，或崎岖古岸，或虬结龙盘，粗壮者两三人方可合抱，有的酷似老者安坐，有的却像少女风姿绰约，有的如同情侣相依，有的恰如战将挺立，妙趣无穷。漫步在此，春闻花香，夏享绿意，秋尝板枣，冬赏树韵。

　　2017 年 1 月，稷山国家板枣公园建立；2017 年 6 月，稷山板枣生产系统入选第四批中国重要农业文化遗产；2022 年 12 月，稷山国家板枣公园被确定为国家 3A 级旅游景区。

▶ 杨朝武 / 摄

山西镇海寺
油松古树群

平均树龄 / 约 300 年
株　　数 / 500 株
面　　积 / 300 亩
树种类型 / 油松
位　　置 / 山西省忻州市五台山风景区镇海寺台怀镇台怀村

▼ 张奎文 / 摄

镇海寺油松古树群生长在佛教圣地五台山（五台县境内）镇海寺周围和寺院内。此地两山夹峙，中峰微缓，古柏苍翠，风景颇为秀丽。镇海寺建于清代，内有康熙五十年（1711年）御制碑文。寺侧清泉长流不息，名曰海底泉。

镇海寺海拔1600米，属于土石山区，土层较薄但肥沃，雨量充沛，气候寒冷，无霜期短暂。历史上镇海寺周围森林茂密，树木参天，金元好问《台山杂咏》中有诗曰"松海露灵鳌"，明高僧洪恩也有"飘笠经行万壑松"句。民间相传，清修建京城时，多从五台山伐木，由于镇海寺主持三藏法师是康熙帝陪读，镇海寺拥有僧兵护卫，使得寺庙古树免遭砍伐。据民国二十四年（1935年）《中国实业志》记载："五台山镇海寺油松五百四十亩，林龄二百年左右，属寺庙所有。"

镇海寺古树群落中树种主要为油松，间有少量青杆，平均树高17米，平均胸径1.3米，估测树龄在150年至1000年之间。

▲ 郭志远 / 摄

山西卦山
侧柏古树群

平均树龄 / 约 100 年

株　　数 / 20000 余株

面　　积 / 900 亩

树种类型 / 侧柏占 99%

位　　置 / 山西省吕梁市交城县天宁镇卦山风景区田家山

　　卦山位于交城县城北 3 公里处，因群峰环列形同卦象而得名。满山的松柏树千姿百态，终年常青，有许多神秘的民间传说，被道家视为天然道场。

　　卦山现有古树 20000 余株，其中七星柏最负盛名，其主干分 5 枝，好似举手迎客，因主干上有 7 个孔洞，所以称"七星柏"。其他如虎头柏、牛头柏、绣球柏、仕女柏也极具代表性。

　　清王宝莹《重修卦山天宁寺及卦山书院碑记》云："黄山之松，云栖之竹，皆东南之胜景也，而天宁寺独以柏名……其生长也艰，成才也劲。"足可见卦山柏树的独到之处。

▲ 王 伟 / 摄

▲ 孟宪毅 / 摄

▲ 呼和浩特市林草局 / 提供

内蒙古东乌素图古杏树群

平均树龄 /	约 210 年
株　　数 /	62 株
面　　积 /	75 亩
树种类型 /	杏树
位　　置 /	内蒙古自治区呼和浩特市回民区攸攸板镇东乌素图村

　　坐落于大青山南麓的东乌素图村三面环山，土壤、气候、水质极为特殊，非常适合杏树生长，故也被称为"红杏遗村"。四月，东乌素图村漫山遍野的杏花竞相开放，成为游人打卡的绝佳场所。

　　东乌素图村历史悠久，建于明朝万历年间。因其独特的水土风貌，东乌素图村产出的杏子个个圆润饱满、个大色香。著名的归绥（今呼和浩特）八景之一"杏坞番红"便是指此地。

　　古杏树群就位于古老的东乌素图村，占地 75 亩，共有古树 62 株，平均树龄约210 年，树形各异、郁郁葱葱。当地政府大力发展经济的同时不忘保护古树，走出了一条适合东乌素图村的古树保护之路。借此，东乌素图村荣获"国家森林乡村"，并入选第二批全国乡村旅游重点村名单。

胡杨古树群

内蒙古额济纳

平均树龄 / 约 190 年

株　　数 / 28064 株

面　　积 / 3971 亩

树种类型 / 胡杨

位　　置 / 内蒙古自治区阿拉善盟额济纳旗达来呼布镇胡杨林景区

▲ 狄敏杰 / 摄

▲ 张爱民 / 摄

　　额济纳旗是内蒙古自治区面积最大、人口最少的旗，其面积相当于 18 个上海，然而常住人口仅 3 万多人。这里拥有全国分布最为集中的 40 多万亩胡杨林，是世界仅存的三个胡杨林大片生长区域之一，也是中国天然胡杨林的主要分布地之一。

　　金秋时分，正是胡杨绚烂之时。金色的胡杨，宛如阳光般明媚灿烂，照亮了苍凉大地，把大漠装点得如诗如画。无数摄影爱好者、游人汇集于此，尽情享受这片金色海洋。电影《英雄》曾在额济纳旗取景，影片中主人公在漫天黄叶中对战的场景至今依然让人回味无穷。

　　额济纳旗胡杨古树群就在这片景区中，现有天然胡杨林 3971 亩，古树 28064 株，平均树龄约 190 年。胡杨是第三纪残余的古老树种，6000 多万年前就在地球上生存，被称为"生而不死一千年，死而不倒一千年，倒而不朽一千年，三千年的胡杨，一亿年的历史"。

辽宁清福陵
油松古树群

平均树龄 / 约 300 年
株　　数 / 595 株
面　　积 / 500 亩
树种类型 / 油松
位　　置 / 辽宁省沈阳市浑南区满堂街道前陵社区

▲ 东陵公园 / 提供

清福陵，位于沈阳东郊的东陵公园内，是清太祖努尔哈赤的陵墓。几百年来，福陵因是皇家禁地，十分庄严肃穆，尤其是将古墓护在身后的参天古松，更为福陵增添了神秘色彩。

清福陵现存古油松 595 株，平均树龄在 300 年左右，树高 20 ～ 30 米，其中大部分为清朝建陵初期人工栽植，以后又陆续补植形成了现如今较为完整的古油松群。

清福陵的核心是方城，方城的正门隆恩门之外的甬道两侧，当年栽有 8 株松树，东西两旁各立 4 株，名叫"站班松"，也叫"配松"。这 8 株松树就是人们常说的"八大朝臣"。八大朝臣在努尔哈赤生前辅佐朝政，在努尔哈赤死后也要表示耿耿忠心。为了表示对八大朝臣的崇敬，清朝规定隆恩门前不得再栽种别的树木。

清太祖生前有 3600 名御林军护卫着皇宫内院的安全，一部分叫内侍卫军，共计 1625 名；一部分叫外侍卫军，共有 1975 名。清太祖驾崩之后，在埋葬清太祖的宝顶周围，共植下了 1625 株松树，以象征着那 1625 名内侍卫军巡守于方城。除此之外，又在方城外，如众星捧月一般栽下 1975 株松树，以象征同样数目的外侍卫军。

清福陵内除了威武如勇士的站班松，还有 5 株"功臣松"，寓意费英东、额亦都、何和理、扈尔汉、安费扬五大臣继续陪王伴驾。

清福陵古油松群历经数百年风雨洗礼，依旧苍劲挺拔，与陵园古建筑相得益彰，为古朴与肃穆的帝陵增添了深邃的历史感，是清福陵最具特色的景观，"福陵叠翠"曾被列入"盛京十景""沈阳八景"，作为"活文物"，是历史文化遗产的重要组成部分。

▶ 东陵公园 / 提供

辽宁辽阳
栗子园古树群

平均树龄／约150年
株　　数／119株
面　　积／443亩
树种类型／板栗
位　　置／辽宁省辽阳市辽阳县寒岭镇栗子园村

　　栗子园古树群地处辽阳市东部山区寒岭镇，原为清朝皇家板栗园，所产板栗皆为皇室贡品，果实不大，但光泽鲜亮，香甜软糯，是老百姓口中味道特别的"油栗子"。

　　据记载，1962年栗子园尚有板栗1万余株，其中200年以上的栗子树有200余株。现存树龄100～250年的板栗古树119株，平均树高9.4米，平均胸围1.56米。由于栗子园处于低山缓坡，背风向阳，土层深厚，土壤肥沃，土壤pH值5.5到6.5，土壤湿润，排水良好，故板栗古树大多树势茂盛。

　　当地林草局重视对古栗树的保护管理，落实管护责任和复壮措施，注重保护和利用相结合，科学施策。对近衰株实施回缩修剪，对正常结果株疏枝透光，同时加强水肥管理，锄草除病。古栗树生机勃勃，历经百年仍果实累累。

◀ 潘大为／摄

辽宁大孤山国家森林公园
鹅耳枥古树群

平均树龄 / 约 200 年
株　　数 / 66 株
面　　积 / 400 亩
树种类型 / 鹅耳枥占 90%
位　　置 / 辽宁省丹东市东港市孤山镇大孤山国家森林公园

▲ 吕国强 / 摄

　　大孤山国家森林公园，位于丹东市孤山镇西南部、黄海北岸，地处东港、庄河两市交界地带。大孤山古建筑群是辽宁省现存最完整的古建筑群之一，始建于唐代，据碑文记载："迄至明末，殿宇荒废，仅存基垣。"大孤山古建筑群是省级文物保护单位，分戏楼、上庙、下庙三部分，占地 5000 多平方米。

　　景区内鹅耳枥古树群占地面积 400 余亩，平均树龄 200 余年，其中最大的两株鹅耳枥树龄分别为 550 余年的夫妻树和 350 余年的迎客松。

　　鹅耳枥是国家珍稀保护树木，生长缓慢，往往 3 至 5 年都看不出生长痕迹。大孤山的鹅耳枥大多扎根于石缝之间，营养的贫乏使鹅耳枥大多枝干纤细，百年鹅耳枥也仅有小腿粗细。这也使得当地的鹅耳枥木质坚硬，独树一帜。

▲ 吕国强 / 摄

▲ 史利鑫 / 摄

红松古树群

吉林露水河

平均树龄 / 约 300 年

株　　数 / 1474 株

面　　积 / 8105 亩

树种类型 / 红松占 18%，榆树占 6.3%，黄檗占 0.8%，蒙古栎占 26.8%，沙松占 3.1%，水曲柳占 31.4%，紫椴占 13.6%

位　　置 / 吉林省白山市抚松县露水河林业有限公司东升林场

　　东升林场位于长白山下露水河镇，场址距镇中心 8 公里，与白河林业有限公司接壤。红松古树群就在东升林场中，占地约为 8105 亩，拥有古树 1474 株，平均树龄约 300 年。林相气势恢宏，难能可贵的是该古树群从未进行过人工干预活动，与周边受人为影响区域形成鲜明的对照。

　　据史籍记载，长白山火山口最后一次喷发是在 1702 年。古树群落历经劫难，依然苍劲挺拔、枝繁叶茂，是研究长白山地区古气候、植物分布和生态变化的重要实证。森林里还留有一些前人采参的遗迹和一眼古老的泉水。泉水久旱不涸、久雨不溢、冬暖夏凉、冬不冰封，相传东北抗联杨靖宇将军曾经在此建有密营，故称"将军泉"。

　　在古树群落中，由红松、水曲柳、蒙古栎、黄檗、紫椴、春榆、杨树和沙松 8 株具有代表性的古树组成的"八大王"古朴沧桑，百年不倒，诠释着生命价值和力量。

▲ 崔鹏飞 / 摄

美人松古树群
吉林二道白河

平均树龄 / 约 200 年
株　　数 / 2000 株
面　　积 / 660 亩
树种类型 / 美人松（长白松）占 90%
位　　置 / 吉林省延边朝鲜族自治州安图县二道白河镇

　　长白山美人松景区位于二道白河镇上，内有美人松 2000 余株，面积 660 亩，平均树龄约 200 年。景区内有用长白山特有的鹅卵石铺就而成的甬道，漫步其中可仰视美人松的洒脱风采。

　　美人松，学名长白松，被誉为长白山"第一奇松"，因形若美女而得名，是长白山独有的自然景观。她秀美颀长、婀娜多姿，像一位位亭亭玉立、浓妆淡抹的美人，在招手欢迎远来的游客。

　　美人松主干通直、树冠庞盖成荫、松针密集如刺，处处尽显高贵和优雅，不仅有婆娑多姿、风姿绰约的外形，更有博风傲雪、不惧严寒的勇气，越是冰天雪地的严冬，美人松越是青翠欲滴。

　　长白松是国家二级重点保护野生植物，是长白山特有的二针松树种，对发展长白山旅游事业和长白山区经济有重要作用。

▶ 崔鹏飞 / 摄

古榆树群

黑龙江
渤海国上京龙泉府遗址

平均树龄 / 约 110 年

株　　数 / 245 株

面　　积 / 1306.5 亩

树种类型 / 榆树占 100%

位　　置 / 黑龙江省牡丹江市宁安市渤海镇渤海村

　　渤海国上京龙泉府遗址，史称"忽汗城"，位于牡丹江市宁安市西南渤海镇，是中国唐代时以粟末靺鞨族为主体建立的区域性民族政权渤海国（698—926年）五京之一京府所在地，历史上誉为"海东盛国"，是我国目前保存最完好的唐代都城遗址，1961年被列为第一批全国重点文物保护单位。古城建筑在东京城盆地的冲积平原上，整个城址略呈长方形，由外城、内城和宫城（紫禁城）组成，城环套，坐北朝南，总面积16.4平方千米。

　　古树群位于遗址内，古树有245株，树种为榆树，平均树龄110年，平均树高16.5米，平均胸围2.14米，林分质量好。榆树存活期长，早在汉朝时期就有"垒石为城，树榆为塞"的说法。榆树有很强的吸烟滞尘、涵养水源、固土防沙和美化环境的作用。

　　遗址内的古树群保存完好。宁安市对古树群全面普查，建立古树档案，为每株古树制定"一树一策"管护措施，落实管护责任，让古树"健康""长寿"。

黑龙江高峰国家森林公园
红皮云杉古树群

▲ 牟景君 / 摄

▲ 牟景君 / 摄

平均树龄 / 约 120 年
株　　数 / 1013 株
面　　积 / 310 亩
树种类型 / 红皮云杉占 100%
位　　置 / 黑龙江省黑河市嫩江市高峰林场高峰国家森林公园

　　高峰国家森林公园位于嫩江市城东南方向，距县城 8 公里，始建于 1992 年，是省级森林公园，也是全国唯一的由原始红皮云杉母树与樟子松人工园林景观相融合的生态型公园。

　　古树群园区占地面积 310 亩，有古树 1013 株，树种为红皮云杉，平均树龄 120 年，平均树高 18 米，平均胸围 1.38 米，林分质量极好。

　　据史料记载，古树群是清朝墨尔根水师营总管崔枝藩于 1737 年种植的，后于 1739 年开始修坟造墓得以保留下来。崔枝藩去世时，清政府为表彰他在屯垦戍边方面的突出贡献，将其业绩刻于七孔龙碑，安放在墓地"二龙抱珠"的山地上，墨尔根从此有了朝廷命官加封的官墓。官方逐年组织移栽大批红皮云杉作为墓地林，经过不断繁衍生息，才有了今天的古树群。

香樟古树群
上海宋庆龄故居

平均树龄 / 约 100 年
株　　数 / 34 株
面　　积 / 10 亩
树种类型 / 香樟 31 株，广玉兰 2 株，山茶 1 株
位　　置 / 上海市徐汇区天平路街道宋庆龄故居

宋庆龄是中华人民共和国名誉主席，是我国伟大的民主革命先行者孙中山的夫人，是著名政治活动家，国际和平运动的倡导者。她毕生致力于世界和平与人类进步事业，被世人誉为 20 世纪的伟大女性。

　　宋庆龄故居位于淮海中路 1843 号，四周被古香樟环绕，环境优雅宁静，是宋庆龄长期居住和生活的地方，也是她从事国务活动的重要场所。1981 年她在北京逝世后，这里作为她在上海的故居供人瞻仰。2001 年 6 月 25 日，上海宋庆龄故居被国务院公布为全国重点文物保护单位。

　　故居内的 31 株百年香樟树高均在 16 米左右，胸围最粗达 2.6 米，终年葱茏苍翠，芬芳四溢。宋庆龄非常关爱少年儿童的成长，每年中秋节她都会邀请中国福利会的孩子们到家中做客，与孩子们在古香樟下的草坪上玩耍。她非常喜欢这里的环境，生前经常在花园内古树环抱的草坪上散步休息。20 世纪 50 年代，她在这里举行了盛大的茶话会，招待参加国际民主联合会的 27 国妇女代表。

　　漫步其间，只见古木参天，幽静宜人，似乎仍能感受到伟人的音容笑貌和不朽风范。

▼ 王大山 / 摄

▲ 梅 宁／摄

平均树龄／ 约150年
株　　数／ 1320株
面　　积／ 79505亩
树种类型／ 二球悬铃木、圆柏、北美圆柏、紫藤、龙爪槐、龙柏等
位　　置／ 江苏省南京市玄武区中山陵、明孝陵

江苏中山陵园风景区
古树群

中山陵园风景区自然景观丰富优美，文化底蕴深厚，中山陵、明孝陵、灵谷国家森林公园等景区分布着各类古迹名胜 200 多处，其中全国重点文物保护单位 15 处，省市级文物保护单位 28 处。景区现有在册古树名木 1320 株，占南京全市古树名木数量的 63%，是历史文化名城南京古树名木最集聚之处。

20 世纪 20 年代末，为迎接孙中山奉安大典，南京的中山北路、中山路、中山东路和陵园大道规划了国内第一条现代意义上的林荫大道，行道树选择了二球悬铃木。在时任总理陵园管委会园林组主任傅焕光的主持下，经上海口岸引进了大批二球悬铃木树苗。正因为如此，业内人士认为，傅焕光奠定了中国现代行道树体系的基础。

景区内的圆柏多位于陵园中轴线或建筑、遗迹周围，植物与建筑相辅相成，共同经历历史变迁，已成为文物古迹不可分割的部分。

▲ 贲 放 / 摄

江苏明孝陵 梅花古树群

平均树龄 / 约 105 年
株　　数 / 106 株
面　　积 / 1338 亩
树种类型 / 梅花
位　　置 / 江苏省南京市玄武区明孝陵梅花山

　　江苏南京明孝陵梅花山梅花专类园是国内唯一位于世界文化遗产内的赏梅胜地，融自然山水景观与历史文化内涵为一体。梅花古树群的前身是中山植物园建园时的蔷薇花木区，最早一批梅花栽植于 20 世纪 30 年代初建园时。

　　全园目前存有梅种质资源 400 余份，精选 367 个品种，其中国际登录梅品种 137 个，梅花古树 106 株。梅花山无论植梅历史、规模、数量、品种，还是自然与文化积淀，在我国众多赏梅胜地中均名列前茅。梅花专类园先后获得"最佳植物专类园区"、首批"国家重点花文化基地"等荣誉，出版了《南京梅谱》，并申报了国家花卉种质资源库。

▲ 贲 放 / 摄

▶ 贲 放 / 摄

江苏泰兴
古银杏群

平均树龄 / 约 170 年
株　　数 / 约 400 株
面　　积 / 1094 亩
树种类型 / 银杏
位　　置 / 江苏省泰兴市宣堡镇张河村

　　江苏泰兴国家古银杏公园坐落于"中国银杏第一镇"——泰兴市宣堡镇境内，规划总面积 9700 亩，有百年以上的银杏树 5000 余株，千年古银杏 2 株，已形成稳定的植物群落，2013 年和 2014 年先后被评为国家级古银杏公园、国家 3A 级旅游景区，2015 年泰兴银杏栽培系统成功入选中国重要农业文化遗产。

　　园内森林资源极具独特性和观赏价值。经确认，古银杏群落达 15 个，其中核心区位于宣堡镇张河村，面积 1094 亩，古银杏 400 多株，是全国面积最大、数量最多、树龄最高、林相最佳、保护最好的古银杏群落，被誉为"自然之奇迹，休闲之胜地"。这里是大自然赠予的"森林氧吧"，漫步其中，便可享受一场"银杏森林浴"。

　　这里自然景观与人文景观相映成趣、珠联璧合，岳飞抗金的历史故事、苏中"七战七捷"的惊人战绩、银杏仙子的美丽传说，至今为人们津津乐道。园内阳桥、昕桥、朗桥、隐桥、仙脉河、月亮湾、梅花岛、花卉园、垂钓园、千年银杏、千年古槐、百年皂角、600 年古黄杨等景点散布其中；桃园、榉树园、香樟园、百年银杏园、樱花园、健身公园和生态长廊等景观，更为公园增添了生态魅力。

◀ 江苏泰兴国家古银杏公园 / 提供

浙江天目山
古柳杉群

平均树龄 / 约 500 年

株　　数 / 1921 株

面　　积 / 1603 亩

树种类型 / 柳杉占 54.4%，银杏占 4.8%，金
钱松占 5.6%，槭树占 5.2%

位　　置 / 浙江省杭州市临安区天目山自然保
护区

　　天目山自然保护区拥有世界上罕见
的巨大柳杉林，总面积 1603 亩，百年
以上古树 1921 株，天然林和人工林并
存，是天目山最具特色的森林景观。

　　沿登山路两旁，广植柳杉，树龄多
在 300 年以上，最长已逾千年。开山老
殿前 1 株高 26 米、胸径 2.33 米的古柳
杉，相传为乾隆皇帝"南巡"驾临天目
山时封赐的"大树王"。20 世纪 30 年
代大树衰亡，现已枯木逢春，在枯死树
干上长出一株柳杉，树龄已有 30 年。
在三祖塔前，1 株古柳杉胸径 2.26 米、
树体高 48 米、单株立木蓄积量 818 立
方米，为天目山中胸径最大和立木蓄积
量最高的柳杉。

▲ 刘柏良 / 摄

◀卢立友 /

檵木古树群

浙江泰顺

平均树龄 / 约 200 年

株　　数 / 172 株

面　　积 / 约 8 亩

树种类型 / 檵木

位　　置 / 浙江省温州市泰顺县罗阳镇村尾村

▲ 柳良云 / 摄

　　村尾村位于浙江省泰顺县城西北部的浙闽交界处，拥有"古树、古道、古桥、古民居、古民俗"等"五古"资源，生态环境优美，人文底蕴深厚。

　　村尾村"五古八美"资源冠绝浙南，拥有得天独厚的林木资源，境内百年以上古树名木 484 株，其中 200 年以上 192 株，500 年以上的 48 株，最高树龄 1200 年。有福建柏等 8 种国家二级重点保护野生植物，浙江楠等 16 种国家三级重点保护野生植物，白花檵木群、千年苦槠王、红豆杉、古松等尤为珍贵。

　　岭北古道边的檵木古树群有古树 172 株，平均树龄约 200 年。初夏花开时节，花瓣随风起舞，极为可爱。檵木生长缓慢，据历史资料记载，一株胸径 0.3 米的檵木生长周期需要 300 年以上，在地理环境欠佳的野生状态下生长更加缓慢。在村尾村古道边发现保存如此完好的檵木古树群，实属少见。

浙江会稽山

古香榧群

平均树龄 / 约286年
株　数 / 147株
面　积 / 约120亩
树种类型 / 香榧
位　置 / 浙江省绍兴市柯桥区稽东镇占岙村

　　会稽山古香榧群位于浙江省绍兴市柯桥区稽东镇，其所在的会稽山千年香榧林景区为国家3A级旅游景区，获"浙江省生态文化基地""绍兴市十佳森林休闲点"等称号。

　　这里栽培香榧已有1500余年历史。千年香榧林中的香榧王树龄已有1500多年，堪称"千年活文物"。公元前210年，秦始皇东巡至会稽山，因"柀子"香气扑鼻，遂将它改名为"香柀"，故有"秦始皇御口封香柀"之说。许多文人墨客以香榧为题材留下了不少诗词，王羲之等众多历史名人关于香榧的轶事也有不少流传至今。

　　近年来，随着古香榧林的保护建设以及《绍兴会稽山古香榧群保护规定》的不断深入执行，有效地保护和改善了生态环境，丰富了广大市民精神和物质文化生活。每年9月底或10月上旬，"生态稽东"香榧文化旅游节在这里举办，活动内容包括香榧产业研讨、体验农家乐、农副产品展示等。古香榧群发挥了兴林富民的带动作用，促进了地方经济发展。

▲ 稽东镇人民政府 / 提供

▲ 稽东镇人民政府 / 提供

浙江绍兴 大香林

古桂花群

平均树龄 / 约 170 年
株　　数 / 366 株
面　　积 / 约 40 亩
树种类型 / 桂花树
位　　置 / 浙江省绍兴市柯桥区湖塘街道

　　大香林古桂花群位于会稽山兜率天景区，是一个融休闲、度假、宗教、民俗为一体的生态旅游胜地。景区山清水秀，景色优美，闻名遐迩的千年桂花林最为突出，据《嘉泰会稽志》等史籍记载，自宋治平三年（1066 年）以来，当地金、鲍两姓村民据山川之利，广植桂子。植桂之习历经千年而长盛不衰，如今万株桂树，广袤数里，被誉为"江南桂花林"和"中国最大古桂群"。

　　在景区内还设有万桂园，其中木樨珍园区有 11 个品种、金桂园区有 8 个品种、银桂园区有 19 个品种、丹桂园区有 13 个品种、四季桂园区有 17 个品种。五大区块已栽种桂树 14000 余株，称得上是桂花的大观园，向游客集中展示各地名品桂花的风采。

　　整个景区秉承保护与开发相结合的原则，基本保持了原生态的自然景观，桂花生长态势良好。每年安排专项资金用于改善植被林种、养护古桂群，进行生态保护，让每一位游客都能真切感受到人与自然的和谐之美。

古树群 浙江茅镬古树公园

平均树龄 / 约 470 年

株　　数 / 90 株

面　　积 / 121 亩

树种类型 / 香榧占 73%，金钱松占 17%，枫
　　　　　香占 4%，银杏占 3%

位　　置 / 浙江省宁波市海曙区章水镇茅镬村

　　茅镬是藏于四明山深处的一个小村落，已有 400
余年历史，村落因古树而闻名，有着"浙东古树村"
的美誉。茅镬村古树以金钱松、银杏、香榧、枫香为
主，其中一级古树 40 株、二级古树 46 株、三级古树
4 株。

　　据《严氏宗谱》记载，茅镬"村旁宅边，抱大荫木，
自古有之。"这说明 470 多年前严氏先祖来此定居时，
此处已是古木丛林。1849 年，族长严厚相特立"禁
伐碑"一块，"以致族内人知悉，毋许盗砍盗葬等事，
如敢故违，鸣官究治不贷。"自此，"禁伐碑"成了古
树的"护身符"，这片古树群得以保存。

　　170 多年前，英国植物学家罗伯特曾多次来中
国，也到过茅镬村，采集了大量的金钱松、银杏、
古柏、茶叶等的种子，带回欧洲繁殖，又引种到印
度。他在 1857 年出版的游记中还复印了一张茅镬村
"金钱松之王"的照片，以作佐证。抗日战争和解放
战争时期，茅镬村一带一直是中国共产党浙东革命
根据地的组成部分，何克希、朱之光等游击队领导
人曾多次在金钱松的参天树冠下开会研究工作，古
树就是革命历史的重要见证。

▲ 宁波市海曙区章水镇人民政府 / 提供　　▶ 宁波市海曙区章水镇人民政府 / 提

安徽桐源
栓皮栎古树群

平均树龄 / 约 360 年

株　　数 / 226 株

面　　积 / 65 亩

树种类型 / 栓皮栎占 94%

位　　置 / 安徽省六安市金寨县长岭乡界岭村

　　桐源栓皮栎古树群坐落于安徽省六安市金寨县长岭乡界岭村沈家老湾后狮子山上，总面积65亩，有百年以上古树226株。古树群内有栓皮栎、枫香、枫杨、银杏等十余种树种，树形奇特，虬枝繁茂。古树群内有历经千年沧桑的银杏王、岁月留痕的油栗王。

　　沈家老湾有沈姓居民41户、161人，沈氏家族历史源远流长，相传是明朝巨富沈万三的后代。古民居原有住房1085间，画栋雕梁，气派宏伟。每逢春夏，山花烂漫，郁郁葱葱；一到深秋，红叶满树，层林尽染。桐源栓皮栎古树群见证着历史兴衰和岁月沧桑，蕴含着丰富的历史底蕴与文化内涵。

　　近年来，在各级党委、政府领导下，长岭乡通过采取划定县级林长责任区、建立数据档案、开展保护修复、设立科研基地、打造乡村旅游等一系列措施，对桐源栓皮栎古树群进行了有效保护和管理，古树群焕发蓬勃生机，带动当地旅游业发展，增加群众收入，有效助力乡村振兴。

◀ 王　峰 / 摄

▲ 淮北市绿化委员会办公室 / 提供

安徽淮北
明清石榴园古树群

平均树龄 /	约 280 年
株　数 /	350 余株
面　积 /	38 亩
树种类型 /	石榴树
位　置 /	安徽省淮北市烈山镇榴园村

明清石榴园坐落在风景如画的国家 4A 级旅游景区"四季榴园"风景区内,"四季榴园"风景区是中国著名的软籽石榴基地,为全国六大石榴基地之一,石榴种植面积 3 万余亩,石榴年产量超过 5000 万千克。

传说这里是张果老故里,至今仍保留许多关于张果老的遗迹——升仙台、参井、仙人洞、炼丹炉、驴打滚等。当地以张果老的传说挖掘的道文化与百年石榴树的自然文化实现共融共通。

明清石榴园内古石榴树栽植于明朝中期,现存百年以上的古石榴树 350 余株,最大树龄 600 年。历经沧桑的古石榴树,古朴苍劲,树形奇特。园内古石榴树目前依然处于盛果期,是国家级保护石榴园。"塔山石榴"在 2012 年被国家质量监督检验检疫总局评定为地理标志产品。

▲ 淮北市绿化委员会办公室 / 提供

安徽冶溪
枫杨古树群

平均树龄 / 约 150 年
株　　数 / 41 株
面　　积 / 48 亩
树种类型 / 枫杨占 94%
位　　置 / 安徽省安庆市岳西县冶溪镇联庆村

　　安徽冶溪枫杨古树群坐落在安徽省安庆市岳西县冶溪镇联庆村境内，全长 1980 米，呈"T"字形分布于冶溪长河与联庆堂小河交汇处形成了古树长廊。

　　据当地居民介绍，清朝末年，水灾严重，大面积水稻被冲毁，房屋倒塌，严重影响了当地居民的生产种植及居住安全。为加固河堤，保护千亩良田，村民共同栽植枫杨树。种下了树、护住了坝、守住了良田，也守住了联庆村村民的安居乐业。不知不觉间，联庆村便形成了代代种树、人人护堤的传统。

　　现在，古树长廊风景线已成为当地居民纳凉休闲的场所，是当地有名的网红打卡点。

◀ 王国权 / 摄

▲ 福建省绿化委员会办公室 / 提供

福建云霄
格木古树群

平均树龄 / 约 750 年

株　　数 / 179 株

面　　积 / 36.2 亩

树种类型 / 格木占 98%

位　　置 / 福建省漳州市云霄县火田镇高田村

　　格木古树群是福建省拥有格木古树最多、保存最完整的格木天然群落。2021 年入选福建省首批最美古树群。该古树群群落规模大，林分质量高，结构稳定，有较高的生态价值；森林景观美，有较高的观赏性；长期受到严格保护，落实科学管护措施；具有丰富的历史、文化内涵和较高的科学价值，在福建省乃至全国具有较高的知名度。

▲ 方垍 / 摄

▲ 郑培銮 / 摄

福建传胪
黄连木古树群

平均树龄 / 约 480 年
株　　数 / 112 株
面　　积 / 16.31 亩
树种类型 / 黄连木
位　　置 / 福建省宁德市霞浦县长春镇传胪村

▲ 郑培銮 / 摄

霞浦县长春镇传胪村是一座历史悠久的城堡式古村落，这里依山傍海，景色宜人。斑驳的石块，遍布着的青苔，昭示着古城堡的历史沧桑。在古城墙边生长着 112 株黄连木的古树群，历经 400 多年风雨，依然坚韧挺拔，它们与城堡相依相伴、共生共荣，堪称神奇。

据传，长春镇梅花村山理楼（现传胪垅山理楼）人林遂，于 1514 年考取二甲进士，官名传胪官。林遂为官廉政、爱民如子，名冠浙江、山东、四川三省。1538 年，61 岁的林遂回传胪老家探亲，随身带回岩香木（即黄连木，当地又称"岩柴树"）的树籽。族人妥善保存这些珍贵的树籽，待明嘉靖三十四年城堡建成后，便将这些树籽播种在四周城墙上。树籽顽强地发芽，长成大树，盘根错节地生长在石墙上，同城墙一道护卫着城中百姓的安宁，被当地村民奉为"神树"。由于屡受台风摧毁，现仅存 112 株。

1997 年，古城堡被福建省政府列为省级文物保护单位，这片神奇的古树也受到了更好的保护。2021 年，该古树群入选福建最美古树群。

▲ 庄晨辉 / 摄

水松古树群

福建屏南上楼

平均树龄 / 约 800 年

株　数 / 63 株

面　积 / 6 亩

树种类型 / 水松

位　置 / 福建省宁德市屏南县岭下乡上楼村

在宁德市屏南县岭下乡上楼村，海拔 1247 ～ 1260 米的一片中山湿地中，有一片古水松林。这里属中亚热带海洋性季风气候，春季冷暖多变、云雾多；夏季温凉无酷暑、雨水多；秋季晴朗干燥；冬季无严寒，具有明显的高山气候特点。成片原生天然水松群落位于山谷通风口处的狭长地段，终年有泉水流入，枝繁叶茂，树干挺拔，周边旱地上黄山松、柳杉等植被环绕生长。

据调查，该片水松林共有古树 63 株，平均树高 25 米，最高者为 32.1 米，胸径大多在 0.3 ～ 0.6 米，最大者胸径 0.72 米，平均树龄约 800 年，成为世界上最集中、数量最多的成片天然水松林之一。

2006 年，上楼水松林被列入《孑遗植物·水松》特别邮票，成为福建省唯一的植物明星登录国家名片。2021 年，该古树群入选福建最美古树群。

▲ 陈 静 / 摄

闽楠古树群

福建建阳

平均树龄 / 约 800 年
株　　数 / 890 株
面　　积 / 64.33 亩
树种类型 / 闽楠占 68.6%
位　　置 / 福建省南平市建阳区麻沙镇水南村

▲ 周 敏 / 摄

▲ 周 敏 / 摄

该片古树群位于南平市麻沙镇水南村，是福建省著名的"千年百亩万棵"楠木林，是闽楠珍贵树种极小种群保护区，也是国家 3A 级旅游景区、国家级重点生态林保护区。这里依山傍水，古树参天，景色宜人，自然生态良好。

闽楠是以福建简称"闽"命名的中国特有珍贵用材树种，素以材质优良、木材芳香耐久，纹理结构美观等，闻名海外，被誉为"木中金子"，为国家二级重点保护野生植物。

相传这片古树群为宋代理学世家"蔡氏九儒"中的蔡元定首栽，繁衍保护至今已有近千年的历史。为保护这片树林，水南村自古就制定了严格的村规民约，即按照"村民伐一株树，一经发现，要给全村每人发一块饼，并负责管理和保护林木，直到抓到第二个盗伐林木者为止"的约定进行处罚。经过一代代人的守护，楠木林才得以保存至今。

▶ 陈泳和 / 摄

303

福建古田
南方红豆杉古树群

平均树龄 /	约 1100 年
株 数 /	300 余株
面 积 /	211.54 亩
树种类型 /	南方红豆杉占 90%
位 置 /	福建省龙岩市上杭县古田镇马坊村

　　南方红豆杉是第四纪冰川遗留下来的古老树种。上杭县古田镇这片南方红豆杉古树群，地处梅花山南麓，有百年以上的红豆杉古树 300 余株，千年以上的有 30 株。像这样成片分布的南方红豆杉古树群在全世界都是罕见的，是宝贵的自然文化遗产，因此有"百亩千株甲东南"之美誉，2021 年入选福建省首批最美古树群。

　　古树群中的红豆杉王，树高 50 余米，树龄约 1700 年，胸径 1.67 米。树王右半部分被雷劈过，数十年仍未腐，是因为红豆杉木质坚硬，同样大小的红豆杉木比杉木要重几十倍，且水湿不腐。群落中有由 2 株红豆杉构成的连理树，雌雄同体，互相扶持，至今已相依为命地生长千年，也是世界上罕见的奇观之一。

◀ 黄 海 / 摄

福建柏古树群
福建连城

平均树龄 / 约 200 年
株　　数 / 105 株
面　　积 / 30 亩
树种类型 / 福建柏占 29%
位　　置 / 福建省龙岩市连城县姑田镇上余村尧家畲自然村

▲ 龙岩市绿化委员会办公室 / 提供

　　连城县姑田镇上余村尧家畲水口的福建柏，也被当地村民称为"风水林"，长期得到村民的共同保护。

　　尧家畲自然村建村 300 多年来，一直有村规民约保护古树。如发现破坏风水林者，就将破坏人家中的猪拉到水口风水林边宰杀，村民分而食之，以示惩罚。此外，村里每年还要举办供奉"神树"的活动，以表达对古树的崇敬。古村与古树相互依存，人与自然和谐共生。

　　福建柏是国家二级重点保护野生植物，是福建省特有原生树种。据考证，该片林是福建省福建柏古树保存最完好的异龄复层针阔混交林，面积达 30 亩，长势良好，具有稳定的林分结构。

▲ 龙岩市绿化委员会办公室 / 提供

▲ 福建省绿化委员会办公室 / 提供

福建古田会址
长苞铁杉古树群

平均树龄 / 约 110 年

株　　数 / 81 株

面　　积 / 65.74 亩

树种类型 / 长苞铁杉占 80%

位　　置 / 福建省龙岩市上杭县古田镇五龙村

▲ 福建省绿化委员会办公室 / 提供

　　长苞铁杉古树群位于闽西革命老区龙岩市上杭县红色圣地古田会议会址后山，不仅有较高的生态价值，更有重要的历史意义，是红色圣地中的一颗璀璨"明珠"。古树群是以长苞铁杉为优势树种的针阔混交林，林内胸径最大者达 1.33 米，最高者可达 42 米。林分内蕴藏着许多珍稀濒危保护植物，包括国家一级重点保护野生植物——南方红豆杉、省级重点保护珍贵树木——长苞铁杉、黄樟、沉水樟，此外还有被列为福建省第二次重点野生植物调查名录的绒毛小叶红豆、茶绒杜鹃。

　　长苞铁杉为中国特有的珍贵树种，是第三纪孑遗植物，它是大果铁杉组分布在中国的唯一代表种类，形态极其特殊，有别于国内其他铁杉，对研究东亚、北美植物区系和铁杉属系统分类等都有着较高的科研价值。

福建万木林
沉水樟古树群

平均树龄 / 约 670 年

株　　数 / 2550 株

面　　积 / 1500 亩

树种类型 / 沉水樟占 13%

位　　置 / 福建省南平市建瓯市房道镇漈村

建瓯市房道镇"万木林"具有独特的森林起源和悠久的保护历史。据《钦定四库全书》等史料记载，元至正十四年（1354 年），先贤杨达卿为救济灾民，以"植树一株，偿粟一斗"方式种下了 2925 亩森林，并立下"悉心保护，唯作公益"祖训，是中国古代"义林"的创举。后其孙杨荣在明代官至内阁首辅大学士，将其作为杨家"风水林"加以保护，经 670 年自然演替为常绿阔叶林，是保护森林与森林演替相结合的典范。

"万木林"中古树参天，分布有国家重点保护野生植物 23 种，国家重点保护野生动物 31 种。森林群落之复杂、珍稀植物之繁多、古树名木规模之大，实属罕见。其中以珍贵树木沉水樟古树群为最大特色，面积 1500 亩、古树 2250 株，其中沉水樟古树 297 株，最大者胸径 1.68 米，为全国之最。

▲ 黄海/摄

▲ 黄 海 / 摄

古楠木群

江西茶盘洲

平均树龄 / 约 280 年
株　　数 / 53 株
面　　积 / 30 亩
树种类型 / 闽楠 41 株、樟树 7 株、木荷 3 株、苦槠 1 株、刨花润楠 1 株
位　　置 / 江西省吉安市遂川县衙前镇溪口村

　　遂川县素有"井冈山南第一县"之称，是井冈山革命根据地核心组成部分、"大井冈"旅游圈的重要区域、中国名茶（狗牯脑）之乡。毛泽东同志在这里开启了"遂川建政"的伟大实践，缔造了第一个具有民主实质内涵的县级工农兵政权——遂川县工农兵政府。

　　在遂川县衙前镇溪口村蜀水河左岸，有一片绿洲形如茶盘，故名茶盘洲，30 亩古树群就分布于此。古树群内共计有古树 53 株，其中闽楠 41 株、樟树 7 株、木荷 3 株、苦槠 1 株、刨花润楠 1 株，树龄在 100～1000 年间，平均树龄约 280 年，家喻户晓的"江西楠木王"也耸立于此。

▲ 梁冬红 / 摄

▲ 梁冬红 / 摄

▲ 李玉琼 / 摄

平均树龄 / 约 270 年

株　　数 / 63 株

面　　积 / 15 亩

树种类型 / 闽楠 47 株、木荷 6 株、刨花润楠 6 株、侧柏 2 株、苦槠 2 株

位　　置 / 江西省吉安市遂川县新江乡石坑村

江西凤形水口古楠木群

石坑村位于吉安市遂川县新江乡北部。全村森林面积 17255.1 亩，其中原始次生林 3300 余亩，森林覆盖率达 93.6%，活立木蓄积量 15 万立方米，有千年古楠木群 3 处，共有 300 多株古楠木，其中 600 年以上的就有 160 多株。村内现存历史古碑近百块，还有石狮、古宗祠、古钟等历史文物。

在石坑村头的凤形水口、邹家祖祠后龙山上分布的 15 亩楠木古树群中，有古树 63 株，其中闽楠 47 株、木荷 6 株、刨花润楠 6 株、侧柏 2 株、苦槠 2 株，树龄在 110 ～ 900 年间。

据传，北宋年间，邹姓族人来到石坑定居，见两边山脉蜿蜒至村口，因右边边山势较低，挡不住山风，锁不住风水，于是在山上种下高大的楠木，同时在村口石壁上刻下"禁山石刻——砍树者公堂重罚不恕"。

凭借优良的生态环境，石坑村在 2008 年被评为首批"全国生态文化村"；2018 年遂川县被中国林学会认定为"中国楠木之乡"。

▲ 李玉琼 / 摄

▲李华东 / 摄

江西乐安 古樟树群

平均树龄 / 约 210 年
株　　数 / 266 株
面　　积 / 127 亩
树种类型 / 樟树 74%
位　　置 / 江西省抚州市乐安县牛田镇水南村

　　水南村，隶属于江西省抚州市乐安县牛田镇，已有近 1300 年的历史。因建于乌江南岸，故称"水南"，是江西省历史文化名村。2019 年 6 月，该村入选第五批中国传统村落名录。村内文物古迹众多，有古街巷、宅第、祠堂、书院、牌坊等多种明清古建筑，已挂牌保护的就有 46 栋。

　　乐安水南古樟树群就在村旁的樟林中，紧沿乌江岸边，主要为樟树，间植黄檀、女贞、黄连木、椤柘楠、青枫等古树，总计 266 株，其中一级古树 15 株、二级古树 30 株、三级古树 221 株，占地 127 亩。树龄大多在 200～1200 年之间，树龄最长的一株超过 1200 年，胸围约 6 米。

　　2016 年，乐安古樟林正式入选上海大世界基尼斯之最，被认定为"规模最大的古樟林——中国第一古樟林"。

　　据传，在 1000 多年前，水南村先民为保护自己家园免受洪水之患，修建了防护堤，并在上游两岸种植了大量的樟树作为防护林，这才有了现在的古樟群。在这片古树群中有一株树干形似马鞍的古樟，相传文天祥途经水南洲时，曾经跨过这株古樟，人们为了纪念文天祥，将之称为"马鞍樟"。

　　如今，古樟林中古树参天，樟香袭人，鸟语蝉鸣，令人神清气爽。

◀李华东 / 摄

山东榴园
青檀寺古树群

平均树龄 /	约 700 年
株　　数 /	36 株
面　　积 /	100 亩
树种类型 /	青檀占 90%
位　　置 /	山东省枣庄市峄城区榴园镇王府山村

　　青檀寺位于枣庄市峄城西 3.5 公里处，始建于唐代，为鲁南地区规模较大的一座佛教寺院，是枣庄冠世榴园生态文化旅游区的一个景点。从唐代到宋元时期，寺庙香火日盛，谷中寺庙众多，故有僧屋如巢之说。到明清时期，此地成为文人墨客、达官贵人的游玩胜地。清末民初，寺庙毁于兵火。

　　枣庄青檀古树群就在这座古寺内，有青檀古树 36 株（1000 年的青檀古树 15 株），占地 100 亩，平均树龄约 700 年。其中有青檀扎根于瘠岩薄崖，成长于荒山野岭，饱经风霜雪雨，终与岩石融为一体，成就"檀石一家"的人间奇观。中央军委原副主席迟浩田将军来枣庄考察时，被青檀百折不挠的生命力深深感动，题词："青檀精神万岁"。

　　2014 年 7 月，专题宣传片《千年青檀树》在央视中文国际频道《中国古树（第二季）》栏目播出。2003 年，科技人员对分布于枣庄地区的青檀生物学特性及育苗技术进行试验研究，推广种植青檀 5000 余株，并发现了新物种——青檀绵叶蚜。

▲ 孙华彩 / 摄

▲ 雷勇彬 / 摄

▲ 袁爱伟 / 摄

山东诸城
刘墉板栗园古树群

平均树龄 / 约 200 年

株　　数 / 1909 株

面　　积 / 1980 亩

树种类型 / 板栗

位　　置 / 山东省潍坊市诸城市昌城镇芦河村

▲ 袁爱伟 / 摄

诸城有着"中国板栗之乡"的美誉。位于潍水之滨的刘墉板栗园，因曾是清代体仁阁大学士刘墉的私家园林而得名，是一处集森林景观、地貌景观和人文景观于一体，富有地方特色的大型园林。

刘墉板栗园曾是楚汉相争的古战场，著名的"潍水之战"就发生于此。战争留下了全国少有的汉墓群落和潍河东岸大片荒沟滩涂。汉高后七年，昌城设县，刘氏王公大兴土木，建造了昌王城，潍河东岸便成为昌王狩猎的天然林园。

刘墉板栗园占地 1.8 万余亩，核心区面积 1980 亩，园内古树密布，百年以上树龄的古树尚存有 1909 株，仅明清时期的板栗树就有 1000 多株。园内有 300 多个板栗品种，其中优良栗种 40 多个，年产板栗超过 30 万千克。园中最古老的栗树名为"祖孙树"，树龄已有 400 多年。另外还有老歪脖子树、宴官树、凤凰树、幸福树等古栗树。盛夏时节，园中候鸟成群，鸣叫声声，千回百转，绿树掩映着护栗红房、看瓜圆屋，恰如古人憧憬的世外桃源。

山东「生生园」
银杏古树群

平均树龄 /	约 300 年	
株　　数 /	360 余丛	
面　　积 /	100 亩	
树种类型 /	银杏占 90%	
位　　置 /	山东省临沂市兰山区葛家王平社区	

　　临沂市，古称琅琊、沂州，山东省辖地级市，位于山东省东南部，因临靠沂河得名，是东夷文化的核心发祥地，有 3000 多年的建城史。春秋时建启阳城，秦时属琅琊郡，汉代设临沂县，清设沂州府，1994 年经国务院批准改设地级临沂市。《孙子兵法》《孙膑兵法》竹简皆出土于此。

　　"生生园"位于沂河之滨，西邻蒙山大道，占地约 100 亩，有 360 余丛银杏，平均树龄约 300 年，是我国现存最大的丛生古银杏林。

　　据考证，明崇祯年间，葛姓人由山西迁来此地定居，植此银杏树林，距今有 300 多年的历史。古银杏林经历了郯城大地震等自然灾害，1938 年被侵华日军砍伐，后于 1958 年被再次砍伐。由于保留了根部，生命力旺盛的银杏树继续萌蘖，细小的分枝又纷纷从根部萌生出来，几十年后，形成现在独特的丛生银杏林。有感于银杏强大的生命力，取其生生不息之意，故此命名为"生生园"。

古树群

山东曲阜三孔世界文化遗产

平均树龄 / 约 240 年

株　　数 / 11127 株

面　　积 / 4140 亩

树种类型 / 侧柏占 69.78%，圆柏占 12.47%

位　　置 / 山东省济宁市曲阜市鲁城街道

　　三孔景区占地 4140 亩，有古树名木 11127 株，以侧柏、圆柏、国槐、黄连木、银杏等为主。

　　孔庙是祭祀孔子的庙宇，历经 2000 余年的重修扩充，形成了规模宏大的古代建筑群。庙内古木参天，郁郁葱葱，与宏伟的建筑群相互辉映。孔林是孔子及其后代的墓地，林内墓冢累累，碑碣如林，石仪成群，古木参天，地上地下文化遗产丰富，是我国目前保存年代最长、面积最大、历史延续性最完整的氏族墓地，也是一座少有的人造园林。

▲ 潘义斌 / 摄

　　驻马店是河南省辖地级市，别称汝宁、蔡州、天中，是华夏文明的重要发祥地之一，是中华民族的人文始祖盘古创世纪活动的核心区域，是轩辕黄帝夫人嫘祖的故乡，是战国时代的兵器制造中心和蔡氏、江氏、金氏家族的故里。

　　确山县石滚河镇的板栗古树群位于驻马店以南，是明朝大学士焦芳到何大庙焦老庄认祖归宗时，命人在当地栽种的。古栗林历经沧桑，遭遇数次洪涝灾害，现留存有古树 830 株，平均树龄约 560 年，国内罕见。板栗古树群沿河北岸呈东西方向断断续续分为 4 片，平均冠幅约 14 米，行距配置合理，树相整齐，平均每株年结果量可达 400 千克。2005 年，确山板栗获得"国家地理标志产品"，所产"紫油果"曾在全国名优特新产品博览会上获得同类产品的最高奖项。"千年古栗林"于 2016 年被农业农村部录入全国农业文化遗产名录。

河南确山
古板栗群

平均树龄 / 约 560 年

株　　数 / 830 株

面　　积 / 201 亩

树种类型 / 板栗

位　　置 / 河南省驻马店市确山县石滚河镇何大庙村

▲ 潘义斌 / 摄

▲ 路玉祥 / 摄

河南太昊陵
古侧柏群

平均树龄 / 约 400 年

株　　数 / 133 株

面　　积 / 400 亩

树种类型 / 侧柏占 83.5%

位　　置 / 河南省周口市淮阳区太昊陵景区

　　太昊陵，位于河南省周口市淮阳区中华太昊伏羲始祖圣地旅游区内，始建于明洪武年间，是为纪念三皇之首太昊伏羲氏而修建的陵殿合一的大型古建筑群。

　　陵内古树名木众多，松柏朴榆、参天耸立，古柏夹道、遮天蔽日。太昊陵古侧柏群占地面积 400 亩，群内古树名木共计 133 株，其中侧柏 111 株、刺槐 1 株、合欢 1 株、国槐 2 株、罗汉松 2 株、朴树 3 株、法桐 2 株、白蜡 1 株、龙爪槐 2 株、圆柏 6 株、皂荚 2 株。

　　奇特的柏抱檀就在这里。20 世纪 70 年代，在一株古侧柏的树杈中生长出一株檀树，故称柏抱檀。由于檀树生长速度较快，柏树生长较慢，随着檀树的生长，柏树的裂缝越来越大。

　　1996 年太昊陵被国务院公布为全国重点文物保护单位后，按照属地管理的原则，太昊陵古侧柏群由周口市淮阳区太昊陵文物保护中心负责管理。保护中心加强对古树的保护工作，为古树设置围栏，防止人为损害；科学修枝整形，支撑加固；定期进行施肥、修剪；对长势不良的树木进行复壮，更换营养土、追肥、加大地表通气、扩大围护范围；加强病虫害防治，及时堵洞修补。

河南新县
古树群

▲ 张志刚 / 摄

平均树龄 / 约 420 年

株　　数 / 1287 株

面　　积 / 11802 亩

树种类型 / 黄连木、紫藤、枫香、栎类占 40%

位　　置 / 河南省信阳市新县香山湖管理区韩山村、水塝村、袁河村

　　新县地处大别山腹地，跨长江、淮河两大流域，位于神奇的地球北纬 31°线上。山，云雾氤氲，秀丽丰饶；水，毓秀钟灵，清澈明净；土，富含营养，藏金纳银，有"中原古树第一县"美誉。

　　新县大别山韩山古树群由韩山、水塝、袁河三个古村落的古树相连而成。古树群落内有"曲径观橡""紫藤之约""笑傲江湖""曲水流觞"等人文景观，构建了温润宜人的大别山古树博物园。古树群以红白檀、麻栎、枫香、银杏为主，兼山樱、杨树、三角槭、皂荚、松树、黄连木、小叶树等。

▲ 张志刚 / 摄

▲ 丛 欣/摄

古柏群 河南伊尹祠

平均树龄 / 约 1400 年
株　　数 / 183 株
面　　积 / 21 亩
树种类型 / 圆柏
位　　置 / 河南省商丘市虞城县店集乡魏堌堆村

　　伊尹祠，坐落于河南省商丘市虞城县西南 20 公里的魏堌堆村内，是商初名臣伊尹的墓地。现存的祠堂包括圣母冼姑殿、伊尹大殿、伊尹夫人殿、花戏楼。伊尹是中国最早的庖人，中国烹调术从他开始。他既是厨师的鼻祖，又是中国药材煎服"汤液"的创始人、中国中药史上伟大的药剂学家。1973 年，马王堆三号汉墓出土帛书有《伊尹》零篇六十四行。

　　古柏群位于伊尹祠内，共有古树 183 株，占地 21 亩，平均树龄在 1400 年左右。相传，此柏林为程咬金带兵栽植。程咬金和魏征是结拜弟兄。魏征死后葬在伊尹墓东 750 米处。程咬金带兵打仗行走到这里，听说大哥葬在此处，异常悲痛，领兵连夜栽植柏林以示纪念。由于军情紧急，又是夜间，错把伊尹墓当成了魏征墓，将柏树栽在了伊尹墓周围，横竖不成行，疏密也不一样，很少有人能够数清。程咬金走后，守墓人在这里娶妻生子，繁衍后代。后来，周边的商贩生意人经常路过此处，在此喝茶歇息，逐渐形成了小集。到了 1928 年，这里形成了现在的村庄魏堌堆村。

　　在这片古老的柏树群中还有许多历史悠久的柏树，如雌雄二柏、鸳鸯柏、母子柏、罗汉柏等，它们承载着一个个或感人、或奇特的故事。

◀ 丛 欣 / 摄

河南三苏园
古侧柏群

平均树龄 / 约 500 年
株　　数 / 588 株
面　　积 / 21.9 亩
树种类型 / 侧柏占 100%
位　　置 / 河南省平顶山市郏县茨芭镇苏坟寺村

　　郏县三苏园是"唐宋八大家"中苏洵、苏轼、苏辙父子三人的安息地，位于河南省郏县茨芭镇苏坟寺村东南隅，背枕嵩阳，面临汝水，黄帝钧天台在其前，左右两小岭逶迤而下，宛若峨眉，山明水秀，景色宜人。

　　三苏园古树群有古柏 588 株，平均树龄约 500 年。其中，三苏陵园前的 4 株古柏，高 10 多米，系宋代种植。

　　古树群内多柏树，长势健壮，苍翠矗立，浓郁葱茏，遮天蔽日，株株均向西南方倾斜，恰似遥望"三苏"故乡——四川眉山，令人惊奇，故称之为"思乡柏"，又称"望蜀柏"。逢夏日月明星稀，夜风吹拂，柏树枝叶摇曳之声，恰似雨声哗哗，被称为"苏坟夜雨"，是"郏县八大景"之一。当地还流传着古柏树"长不直""数不清""锯不倒"的神奇传说，寄托着群众对"三苏"父子的由衷敬仰。

▲ 王艳芬 / 摄　　　　　　　　　　　▶ 王艳芬 / 摄

三苏园拥有全国唯一的寺、祠合一的古代建筑——广庆寺，全国唯一的元代三苏父子泥彩塑像，全国唯一的百人同书"大江东去"碑园，全国四大回音建筑之一的"蛤蟆踏"，入选《中国树木奇观》的第一奇树——三苏坟奇柏。

▲ 刘客白 / 摄

平均树龄 / 约 850 年

株　　数 / 330 余株

面　　积 / 130 亩

树种类型 / 侧柏占 96%

位　　置 / 河南省郑州市登封市中岳庙

河南中岳庙古侧柏群

中岳庙，位于河南省登封市嵩山南麓，建于秦朝，为祭祀太室山神的场所，是中州祠宇之冠，也是五岳中现存规模最大、保存较完整的古建筑群，总面积近 11 万平方米。

中岳庙是道教在嵩山地区最早的基地，原是为祀奉中岳神而设。道家尊中岳庙为"第六小洞天"，认为这里是周朝的神仙王子晋的升仙之处。为中国登封"天地之中"历史建筑群世界文化遗产中的重要组成部分、全国重点文物保护单位、国家 4A 级景区。

庙院内古树参天，至今仍保留着远至周秦、近至明清的古树名木 330 余株，平均树龄约 850 年。其中树龄 3500～4000 年的有 10 余株；树龄 1300～2900 年（相当于汉代至南北朝时期）的有 47 株；树龄 850～1200 年（相当于唐至宋代）的有 68 株；树龄 200～800 年（相当于宋至清代）的有 200 余株。

中岳庙是五岳名山中现存古柏树最多的庙宇，柏树品种多为侧柏、刺柏，还有少量血柏、桧柏、龙柏、香柏等。据史料记载，宋太祖乾德二年（964 年），河南地方官派军将监修中岳庙，并遍植松柏。当时庙内已有古柏百余株，"自东南来者，40 里外遥见苍蔚蟠薄、扶疏荫翳之气"。近些年又新栽了 1000 多株柏树，现在中岳庙有大小柏树 2930 多株。

"路从古柏阴处转，殿向云峰缺处开。"在中岳庙内，柏的身影处处可见。以柏树作参照，古老的中岳庙不觉其老，巍峨的峻极殿不觉其高。粗大的柏树侧过身子掩去峻极殿的一角飞檐，像古戏中大将出场，一杆旗子总是偏着一角取势，俊逸非凡。

▲ 刘客白／摄

古桂花群

湖北咸安

平均树龄 /	约 130 年
株 数 /	543 株
面 积 /	238 亩
树种类型 /	桂花占 99%
位 置 /	湖北省咸宁市咸安区桂花镇柏墩村

▲ 吴 涛 / 摄

咸宁市，别称桂花城，作为全国桂花五大传统产区之一，百年以上古桂有 2000 株，全市 6 个县（市、区）都有桂花分布，尤以咸安区桂花镇为著。咸安区现有桂花品种 28 个，现存地径 5 厘米以上桂花 150 万株。

咸安古桂花群总计古树 543 株，占地 238 亩，平均树龄约 130 年。金秋时节，古桂飘香，漫山遍野的古桂树惹人沉醉，独属古桂的芳香沁人心脾。

2023 年，咸宁市咸安区人大常委会建议增设 100 万元专项资金用于古树名木病虫害防治，同时按每株 200 元的标准，将全区三级古树保护经费列入区级财政预算。

▶ 吴 涛 / 摄

湖北利川古水杉群

平均树龄 / 约 200 年
株　　数 / 5617 株
面　　积 / 396412 亩
树种类型 / 杉木、枫香、漆树、灯台树、利川润楠
位　　置 / 湖北省恩施土家族苗族自治州利川市忠路镇、佛宝山、谋道镇、汪营镇

　　水杉是中国著名的杉科孑遗植物,曾广布于北半球的北美洲、西伯利亚、中国东北、日本等地区,第四世纪冰川后,逐渐被冰川摧毁,在全球其他地区早已灭绝。直到 20 世纪 40 年代,中国林学界在小河片内的谋道镇磨刀溪首次发现生存的天然水杉并鉴定命名,这被视为近代生物学上的重要发现,水杉也被誉为"活化石"和植物中的"国宝"。

　　小河片内分布有水杉原生母树 5617 株,至今仍保存着古水杉原生群落。谋道镇水杉王(0001 号水杉)树高 35 米,胸径 2.4 米,平均冠幅 26.45 米。现在世界各国引种的水杉树都是这株树的后代子孙。所以,此树成为中国引种最广的树,被称为"天下第一杉""水杉王"。现如今,"水杉王"的子孙已遍及世界 80 多个国家和地区。

　　1948 年曾成立中国水杉保护委员会,1974 年成立利川县水杉管理站。2003 年,国务院批准成立了星斗山国家级自然保护区,专门对利川古水杉群进行保护和管理。

▲ 彭万庚 / 摄

▲ 彭万庚 / 摄

▲ 文 林 / 摄

▶ 黄 波 / 摄

▲ 文 林 / 摄

▲ 汪利群 / 摄

▲ 汪利群 / 摄

湖北罗田古柿群

平均树龄 /	约 200 年
株　　数 /	228 株
面　　积 /	402 亩
树种类型 /	罗田甜柿占 92%
位　　置 /	湖北省黄冈市罗田县三里畈镇錾字石村

　　錾字石村位于湖北省黄冈市罗田县三里畈镇北部，是中国甜柿第一村，也是举世闻名的古柿树村。

　　罗田甜柿古树群位于三里畈镇錾字石村，现有登记古树 228 株，占地 402 亩。清朝康熙年间（1654—1722 年）编撰的《罗田县志》"祥异"一节里记述"宋明道元年（1032 年），黄州橘木及柿木连枝"（宋代罗田县属黄州管辖），由此可见罗田甜柿已有近千年历史。

　　罗田甜柿是罗田县特产，中国国家地理标志产品。罗田甜柿是自然脱涩的甜柿品种，秋天成熟后，不需加工，可直接食用。其特点是个大色艳，身圆底方，皮薄肉厚，甜脆可口。别的地方出产的甜柿一般有籽粒 8 颗以上，而罗田甜柿不超过 3 颗籽，所以既方便食用，更方便加工。

古银杏群 湖北安陆

平均树龄 / 约 370 年

株　　数 / 514 株

面　　积 / 14236 亩

树种类型 / 银杏占 98%

位　　置 / 湖北省孝感市安陆市王义贞镇钱冲村

▲ 池云华 / 摄

钱冲古银杏群位于湖北省安陆市王义贞镇钱冲村，群落占地 14236 亩，有古树 514 株，平均树龄约 370 年，其中一级古树 36 株，千年以上古银杏 19 株。

1940 年，李先念率领新四军豫鄂挺进纵队在古银杏群所在区域指挥了著名的三战坪坝战役，现保存有"新四军豫鄂边区司令部""京安县抗日民主政府"和"新四军五师医院"等人文景观。

安陆市高度重视古银杏资源保护利用工作，经批准设立了全国首家古银杏国家森林公园，举办了首届中国银杏节，有银杏研究课题 20 余项，是全国最早围绕银杏开展科研推广工作的县市之一。2014 年，古银杏群所在地钱冲村被列入中国传统村落名录；2017 年钱冲村被中国林学会推选为"中国最美银杏村落"。古银杏群所有古树均实行挂牌保护，进行复壮。

▲ 池云华 / 摄

湖南岳麓山
古枫香群

平均树龄 / 约 160 年

株　　数 / 379 株

面　　积 / 380 亩

树种类型 / 枫香，香樟，苦槠

位　　置 / 湖南省长沙市湘江新区岳麓山景区

▲ 麓山景区管理处 / 提供

▲ 石 亮 / 摄

　　岳麓山，位于湖南省长沙市岳麓区湘江西岸，因南北朝刘宋时《南岳记》"南岳周围八百里，回雁为首，岳麓为足"而得名。橘子洲位于湘江中，由南至北，纵贯江心，西瞻岳麓，东临古城。岳麓山是我国四大赏枫胜地之一，岳麓山红叶风景主要由枫香红叶及果实组成。枫香树体高大，叶色血红。秋游岳麓山，可谓"秋日见山景，不似春光，胜似春光"。毛泽东在著名的《沁园春·长沙》中写的"看万山红遍，层林尽染"，就是指岳麓山的秋景。

　　岳麓山风景名胜区占地 380 亩，平均树龄约 160 年，共有古树名木 379 株，其中枫香古树 274 株。古枫香最高达 36 米，位于蔡锷墓附近的山坡上；胸径最大达 1.4 米，位于蒋翊武墓后南面山坡上；树龄最长达 310 年，位于麓山寺外。

　　岳麓山的古枫香主要分布于爱晚亭—清风峡—麓山寺一带，以及岳麓山西坡半山腰。清代岳麓书院山长罗典的《次石琢堂学使留题书院诗韵二首即以送别》诗后有一条自注"山中红叶甚盛，山麓有亭，毕秋帆制军名曰'爱晚'，纪以诗"，这是"爱晚亭"最后定名的由来。

　　由于岳麓山占据优势地位的枫香树种多处过熟林阶段，专家预测近数十年内枫香仍能维持其优势地位，但枫香群落整体上处于衰退趋势。为保护好这些古树，岳麓山风景名胜区自 2003 年起，每年都会在植树节前后开展古树名木认养活动，邀请明星、作家为活动公益代言，各界志愿者踊跃参与，许多古树被市民争相捐资认养，"我在麓山有棵树"成为网络热点。

古南岳回龙山是国家 3A 级旅游景区，资兴古八景之一，位于湖南省郴州地区资兴市东北部的回龙山瑶族乡境内，海拔 1480 米，总面积 16 平方公里。这里集 2000 多年宗教历史文化及古朴的瑶族风情文化于一身，汇巍峨壮美、灵秀神奇于一体，山顶的回龙古庙曾是南岳宗教文化的发源地。

▲ 罗邦华/摄

▲ 谢亚龙 / 摄

湖南资兴古树群

平均树龄 / 约 300 年

株　　数 / 40 株

面　　积 / 20 亩

树种类型 / 南方红豆杉占 40%，玉兰占 17.5%，黑壳楠占 17.5%，枫香、刺楸等 10 种树占 25%

位　　置 / 湖南省郴州市资兴市兴宁镇十龙潭村

资兴市古树群地处回龙山腹地的兴宁镇十龙潭村司马垅组，有古树 40 株，占地 20 亩，平均树龄 304 年。据传，约 350 年前，谭氏家族的祖先发现此地森林茂盛，视野开阔，气候十分凉爽，便决定来此定居。此后，成群的大树被当作村里的守护神，谁也不能冒犯，更不能砍伐破坏，古树群得以完好地保存至今。

资兴市古树群是少见的以南方红豆杉古树为主，玉兰、黑壳楠等古树为辅组合形成的常绿阔叶林。林内遍布形状各异的石头，部分古树已经形成明显的板状根，粗大的藤蔓绕枝而上。经过上百年在密林中竞生，这些南方红豆杉有的笔直而上，有的根扎岩缝侧向生长，枝条蜿蜒曲折，造型奇特。

▲ 刘　斌 / 摄

古银杏群

湖南桐子坳

平均树龄 / 约 290 年

株　　数 / 102 株

面　　积 / 277.5 亩

树种类型 / 银杏 97 株，大樟树 2 株，黄檀 1 株，枫香 1 株，秃瓣杜英 1 株

位　　置 / 湖南省永州市双牌县茶林镇桐子坳村

▶ 曹建军 / 摄

桐子坳古银杏群位于永州市双牌县茶林镇桐子坳村，共有古树 102 株，平均树龄约 290 年。2017 年，桐子坳村被中国林学会评为"中国最美银杏村落"，素有"天下第一银杏村"美誉。

群落中有一株 1600 年的古银杏，在 1.3 米处分裂成两株，树干中间枝条相互拥抱、偎依，形如一对夫妻。清朝探花龚登科携夫人蒋氏在桐子坳寻龙谷结庐而居，恩爱相扶，守望一生，堪称夫妻典范。后人将这株生就连理枝的银杏树取名"夫妻树"。

▲ 陈凯军 / 摄

湖南源头山
长苞铁杉古树群

平均树龄 / 约 500 年

株　　数 / 38 株

面　　积 / 4.2 亩

树种类型 / 长苞铁杉占 90%

位　　置 / 湖南省邵阳市绥宁县寨市苗族侗族乡铁杉林村

长苞铁杉属松科植物，是第四纪冰川时期的孑遗植物，具有极高的科研价值，被誉为"植物界的活化石"。

绥宁县长苞铁杉古树群位于绥宁县黄桑国家级自然保护区海拔 1050 米的源头山上，现有长苞铁杉 38 株，平均树高 30 米、胸径 0.5 米、树龄约 500 年，其中最大的一株高 40 米、胸径 1.04 米。

当地人称长苞铁杉为"婚誓树"，因其群落具有奇特的根连理、干连理、枝连理现象，从而成为婚誓和友情的见证。相爱的青年男女来到长苞铁杉林立誓，让长苞铁杉见证他们的爱情，祝福他们如长苞铁杉一样万古长青，永不分离。

长苞铁杉高大挺拔，树冠稠密，四季常青，是很好的观赏树种。它的木材抗腐力强，坚实耐用，富有弹性。当地流传着一件趣事：新中国成立前，有人砍倒一株长苞铁杉，锯下一段做成打糍粑的粑槽。他把煮熟的糯米倒入槽内，用木槌舂击，米饭却难以舂烂，舂槌也弹跳很高，不易掌握。因此，当地百姓视其为"无用之材"，阴差阳错也造就了今天这个"长苞铁杉王国"。70 多年过去了，剩下的半截长苞铁杉树干历经日晒雨淋，也只有表皮部分受到腐蚀，木质层依然呈曙红色，由此可见长苞铁杉木质相当坚硬，这也是长苞铁杉冠之为"铁"的原因。

▲ 陈凯军 / 摄

古树群 湖南崇木凼

平均树龄 / 约 320 年

株　　数 / 187 株

面　　积 / 57 亩

树种类型 / 水青冈 59 株，椴栎 41 株，锐齿椴栎 32 株，枹栎 29 株，
雷公鹅耳枥 9 株，锥栗 7 株，灯台树 3 株，缺萼枫香 2 株，
亮叶水青冈 2 株，椭木稠李 2 株，暖木 1 株

位　　置 / 湖南省邵阳市隆回县虎形山瑶族乡崇木凼村

　　崇木凼古树群位于湖南省隆回县虎形山瑶族乡崇木凼村，因当地人民"尊崇树木"而得名。古树群面积 57 亩，共有锐齿椴栎、亮叶水青冈、水青冈、枹栎、椭木稠李等 11 种古树 187 株，树龄最大的有 1200 年。

　　在崇木凼古树公园，一块光绪九年（1883 年）腊月二十八日立的"永远蓄禁"石碑伫立在古树林山脚，这也是至今保存完好的瑶乡最早的封山育林禁碑。虽然碑文字迹风化，但"永远蓄禁"和立碑的时间仍清晰可见。

　　当地老人介绍，20 世纪 60 年代，有人要砍伐古树群，崇木凼的花瑶同胞们不分男女老幼，几个人围着一棵树，不分昼夜地守着，使这片古树林得以保存。从此，全村人义务包揽护树的责任，像照顾家人一样为古树清理枯枝，治理病虫害。

　　如今，崇木凼古树群已成为国家 4A 级旅游景区——虎形山—花瑶国家级风景名胜区核心景点之一。古树群也成为网红打卡景点，游客络绎不绝，神秘的花瑶民族、参天的古树、神奇的护树故事，吸引着人们前往。

▶ 陈凯军 / 摄

▲ 卢 杰/摄

平均树龄 / 约 200 年

株　　数 / 106 株

面　　积 / 900 余亩

树种类型 / 南方红豆杉

位　　置 / 湖南省郴州市桂阳县荷叶镇羊角山

湖南桂阳
红豆杉古树群

桂阳县位于湘南门户郴州西部，历史悠久，文化底蕴深厚。野生红豆杉古树群落面积 900 余亩，有古树 106 株，树种以南方红豆杉为主。其中，树龄达千年的红豆杉有 9 株，树龄 500 年以上的有 30 余株，平均树龄约 200 年。2013 年 1 月经省人民政府批准成立的桂阳南方红豆杉柔毛油杉省级自然保护区，以南方红豆杉、柔毛油杉两种国家一级、二级重点保护野生植物为主要保护对象。

桂阳县境内红豆杉和柔毛油杉自然生长面积有 7 万余亩。南方红豆杉保护片区内胸径大于 5 厘米的野生南方红豆杉总量约为 1400 株，这里是湖南省境内分布最集中、数量最多且百年以上古树众多的区域。保护区为保护和繁衍国家级珍稀树种，结合乡村振兴建设了"千年红豆杉生态园"，种植了 200 余亩多种珍稀品种红豆杉，并建设科普、研学、产业一体化的新旅游业态，使之成为乡村振兴、林业科技示范基地。

▲ 卢 杰 / 摄

荔枝古树群

广东唐家湾

平均树龄 / 约 110 年
株　　数 / 451 株
面　　积 / 110 亩
树种类型 / 荔枝占 81.8%
位　　置 / 广东省珠海市高新区唐家共乐园

　　珠海高新区唐家共乐园位于"中国历史文化名镇"唐家湾镇、唐家省级历史文化街区范围内，原是民国第一任内阁总理唐绍仪先生的私人园林。

　　共乐园内古木参天，浓荫蔽日，至今保留有百年古树 451 株，主要树种有荔枝、山棣、樟树、榕树、乌榄、朴树等，此外还有当年唐绍仪从国外引进的珍稀品种法国桃花心木、马来西亚洋紫荆等，以及 1910 年唐绍仪亲自栽种的罗汉松和 1931 年京剧大师梅兰芳先生来园时亲手栽种的柠檬桉。2022 年，唐家共乐园古树群在"广东十大最美古树群"评选活动中名列榜首。

　　珠海高新区坚持日常管护与专业管护相结合，对每株古树制定"一树一策"的管护技术方案，通过开展古树名木病虫害除治、树体养护、施肥加固、抢救复壮等工作，让古树名木更"健康""长寿"。随着管理养护日益科学精细，共乐园古树群更显郁郁葱葱，每年新芽旧叶交替间迸发盎然生机。目前，唐家共乐园已打造成"古树名木＋历史文化"乐园，并对公众免费开放，成为远近闻名的网红游玩打卡点，让市民群众在享受自然温润的同时，亦可品味唐家古镇这一历史明珠的文化幽韵！

▶ 邹 卫 / 摄

▲ 冼洁英 / 摄

人面子古树群
广东罗源石寨

平均树龄 / 约 140 年

株　　数 / 118 株

面　　积 / 45 亩

树种类型 / 人面子 87 株，乌榄 30 株，朴树 1 株

位　　置 / 广东省肇庆市四会市罗源镇石寨村

　　历史文化名村石寨村始建于南宋末年，至今已有 500 多年历史。因其村中房屋大都为石块砌筑，还因其村背靠高耸险要的大石山，谓之"古堡石寨"。

　　罗源石寨古树群占地 45 亩，118 株古树树干挺拔，树枝蜿蜒，纵横交错，枝繁叶茂，曾入选"广东十大最美古树群"。其中，一株 550 年树龄的人面子古树入选"中国最美古树"。林中植被丰富，除了人面子和乌榄，还有龙眼和竹子等下层植被。

人面子又名人面果、仁面子，属漆树科常绿大乔木，分布于我国南亚热带常绿季雨林中。自古以来，人面子备受人们喜爱。清代学者屈大均在《广东新语》记述："山居家，其祖父欲遗子孙，必多植人面、乌榄。人面卖实，乌榄卖核及仁。百余年世离其利。"人面子树以其较高的经济效益和生态效益被人们认同。当地村民采摘人面子和乌榄树果实，制成凉果和果酱。酸甜的凉果，承载着当地人无数的乡愁与情思。

为深入挖掘古树文化、古村文化，罗源镇在石寨村内建设了古树公园，并在公园旁的石山修建了休闲栈道，形成了一条涵盖"古树—古城墙—江氏宗祠—古树公园—石山"等元素的旅游线路，逐渐带动古村落焕发出新的魅力，助力乡村振兴。

▲邓睿贤/摄

▲ 王戌杰 / 摄

广东坝光
银叶古树群

平均树龄 / 约 200 年
株　　数 / 33 株
面　　积 / 100 亩
树种类型 / 银叶树占 60.6%，榕树 18.2%，其他占 22.2%
位　　置 / 广东省深圳市大鹏新区坝光社区

▲ 金凯曼 / 摄

坝光银叶古树群位于广东省深圳市大鹏新区坝光盐灶古村旁，面积约 100 亩，群内古树种类丰富，登记在册古树有 33 株，平均树龄约 200 年，最大树龄超过 500 年。银叶树为典型水陆两栖的半红树植物，是一种珍稀的红树树种。坝光银叶古树群是目前世界上发现保存最完整、最古老的天然银叶树种群之一。

为加强银叶古树群的保护，有关部门规划建设了坝光银叶树湿地园。湿地园设计时保留了古村（盐灶村）、古树、树林的原始面貌，最大限度地尊重当地的现有生态条件，对园区进行最少的改造，还原园区原有的生态肌理。湿地园内常年栖息着 50 多种野生鸟类，具有极高的生态科学价值，其中夹杂着秋茄、桐花树等树种，与周边的海滩、湿地连成一体，构成了坝光盐灶古银叶树保护区，被列入国家珍稀植物群落重点保护对象。

白墙黛瓦，古色古香，客家盐灶村宁静质朴，四周古木森森，原始的韵味和岁月的风情流淌其中。

荔枝古树群

广东根子镇

平均树龄 / 约 370 年

株　　数 / 93 株

面　　积 / 80 余亩

树种类型 / 荔枝树 91 株，波罗蜜 2 株

位　　置 / 广东省茂名市高州市根子镇柏桥村

　　位于广东茂名高州市根子镇柏桥村委会岭腰自然村的贡园，占地 80 余亩，建于隋唐年间，是目前全国面积最大、历史最悠久、保存最完好、老荔枝树最多、品种最齐全的古荔园。"一骑红尘妃子笑，无人知是荔枝来。"相传唐代开元年间高力士进贡给杨贵妃品尝的荔枝就出自此地。

　　园内有一级古树 31 株、二级古树 2 株，均为荔枝；三级古树 60 株，其中 2 株波罗蜜、58 株荔枝树。古树平均胸围 2.27 米，平均树龄约 370 年。"千手观音"是贡园古树群内最具特色的古树之一。这株树龄超过 600 年的古荔枝树，树皮斑驳，虬枝挺拔，分枝繁多，生机旺盛。树的枝丫修长，稠密且均匀地生长在树干四周的分叉处，极像观音身上伸出的千百只手掌，人们形象地将这株树形奇特的荔枝树称为"千手观音"。在挂果时节，树上鲜红的荔枝果与绿色叶片红绿相间，仿如孔雀开屏，煞是好看。

　　当地大力打造"大唐荔乡、诗意田园"，将根子镇建设成一个以观光、度假休闲、科普教育、荔枝文化为主题的自然生态文化旅游区。秀丽的田园风光、美丽的荔枝生产基地和独特的俚人风情，吸引了众多的游客。

▶ 李月婵 / 摄

▲ 钟 华 / 摄

▲ 钟华/摄

广东大王山森林公园
古树群

位于广东省东莞市清溪镇三中村的大王山，主峰海拔约 303 米，因在附近群山中海拔较高，状如群山之王而得名。大王山森林公园古树群面积为 1200 亩，共有 500 株古树，平均树龄约 110 年。园内古树参天，藤蔓密布。相传，三中村村民先祖随郑和七下西洋，从南洋带回果种，育植于此，历经数百年沧桑，如今形成了规模庞大的古树群。

清溪镇高度重视古树名木保护工作，对大王山景区建设提出"以古树为基调，用古树吸引游客"的工作理念，开发南山花谷、神鹿湖等多个自然生态美景，其景致之美让人流连忘返，尤其是公园内的传奇故事，更是给整个景区披上一层神秘的面纱，吸引着很多游客来此探险寻秘。

平均树龄 / 约 110 年
株　　数 / 500 株
面　　积 / 1200 亩
树种类型 / 杧果、橄榄、荔枝
位　　置 / 广东省东莞市清溪镇三中村

广西灵川大桐木湾
银杏古树群

平均树龄 / 约170 年

株　　数 / 33 株

面　　积 / 102.5 亩

树种类型 / 银杏

位　　置 / 广西壮族自治区桂林市灵川县海洋
　　　　　乡大庙塘村大桐木湾村

　　大桐木湾村是名扬八方的银杏古村，它不仅是中国的传统村落，也是为数不多的"全国生态文化村"，被誉为"中国银杏第一乡""中国第一银杏古村落"。

　　村庄依山而建，环境优美，古民居建筑风格独特，分布规整有序。村中至今仍保留着传统的农业生产方式，各式各样的传统生产工具、生活用品及民俗文物应有尽有。村中古民居四周环绕着银杏林，其中百年以上的古银杏树有33 株。在靠近古民居处有一株古银杏雄树，树高约21 米，胸径1.53 米，树龄逾千年。

　　每至深秋，银杏林一片金黄，层林尽染，来此摄影的游人络绎不绝。为此，从2003 年起，当地政府每年都在此举办"桂林市金秋银杏摄影节"。

▶ 林建勇 / 摄

▲ 梁瑞龙 / 摄

广西富川 楠木古树群

平均树龄 / 约 190 年

株　　数 / 34 株

面　　积 / 55.03 亩

树种类型 / 闽楠占 38.24%，樟占 20.59%

位　　置 / 广西壮族自治区贺州市富川瑶族自治县朝东镇蚌贝村

▲ 梁瑞龙 / 摄

　　富川楠木（闽楠）古树群位于贺州市富川瑶族自治县朝东镇蚌贝村白面寨，有古树 34 株，平均树龄约 190 年。

　　朝东镇蚌贝村白面寨的闽楠群落为至今国内已知的面积最大、结构最纯、种质资源优良的闽楠林。经过自然繁殖，林内有胸径 0.2 米以上的闽楠 5000 多株，其中最年长的金丝楠木王已有 500 多岁。

　　闽楠林生长于村前屋后，无盗砍滥伐的情况发生，爱护古树的思想已在当地群众的潜意识里根深蒂固。楠木林郁郁葱葱，长势良好，远观宛如一颗镶嵌在村落之间的绿翡翠，形成了优美独特的森林生态景观，吸引外地游客到树林打卡拍照。

▲ 大小洞天旅游区 / 提供

海南南山龙血树古树群

平均树龄 / 约 500 年

株　　数 / 153 株

面　　积 / 50 亩

树种类型 / 龙血树占 100%

位　　置 / 海南省三亚市崖州区南山村

"福如东海长流水，寿比南山不老松。"这里的不老松指的就是龙血树。不老松因其茎干肤色灰青，斑驳栉比状如龙鳞，且又可分泌出鲜红的汁液，故而得名龙血树。南山岭龙血树是海南龙血树，一般高 10～20 米，主干异常粗壮，直径常超过 1 米，树上部多分枝，树态呈"Y"字型，像锋利的长剑密密地倒插在树枝顶端。龙血树这一珍稀植物在三亚市南山山脉生长着 1 万余株，其中 3000 株主要集中于大小洞天旅游区。

南山不老松在白垩纪恐龙时代就已出现，被称为植物中的活化石，世界教科文组织将其列为保护树种。龙血树的树脂，被称为"龙血竭"，是著名药品"七厘散"的主要成分，李时珍在《本草纲目》中誉之为"活血圣药"。为保护这一珍稀植物，景区在龙血树林带种植与龙血树相映衬的低矮植物，建设挡土墙以防止水土流失，对重点树木进行围护并派专人定期检查养护。

▲大小洞天旅游区 / 提供

重庆巫溪
老鹰茶古树群

平均树龄 / 约 120 年
株　　数 / 200 余株
面　　积 / 29 亩
树种类型 / 老鹰茶树占 80%
位　　置 / 重庆市巫溪县蒲莲镇兴鹿村

老鹰茶，植物学名为"毛豹皮樟"，是樟科木姜子属常绿乔木。以其嫩叶、嫩茎为原料加工制成的老鹰茶，是巫溪的传统饮品，汤味浓郁，先涩后甘，回甘迅猛。

巫溪老鹰茶制作技艺是劳动人民智慧的结晶，也是巫溪良好的自然生态和巴渝地区人文生态相互融合的结果。2016 年，巫溪老鹰茶传统手工制作技艺被列入重庆市非物质文化遗产名录。

蒲莲镇的种植茶历史可追溯到 500 多年前，这里是重庆老鹰茶主要原产地之一，海拔在 600 米以上的村落都有大量的野生老鹰茶树自然分布。兴鹿村现存有树龄逾百年的古茶树 200 余株，500 年以上的老鹰茶树 10 株。全村老百姓房前屋后大量的老鹰茶古树，已成为他们重要的经济来源之一。

◀ 王 强 / 摄　　　　　　▲ 王 强 / 摄

重庆荣昌
黄葛树古树群

平均树龄 / 约 300 年
株　　数 / 14 株
面　　积 / 约 15 亩
树种类型 / 黄葛树
位　　置 / 重庆市荣昌区昌元街玉屏社区

　　黄葛树古树群位于重庆市荣昌区老城区中心地段，也是荣昌老县衙所在地。这一地段最引人注目的是 14 株年代久远的黄葛树，系明清衙役所栽，其中，一级古树 1株，二级古树 11 株，三级古树 2 株。14 株黄葛树中，树高最高为 26 米，冠幅最宽为 30 米，树干胸径最大为 3.2 米。树木茎干粗壮，树形奇特，悬根露爪，蜿蜒交错，古态盎然。黄葛树古树群分布面积约 15 亩，14 株古老的黄葛树，形成荣昌城区历史文化地标。

　　2017 年 2 月，荣昌区委、区政府审议通过了《黄葛树广场改造方案》，放弃 4.5亿元收益，将这里建设成市民广场，并对 14 株古黄葛树实施重点保护，打开政府院墙，把这些古黄葛树真正还给市民。荣昌区一直将 14 株古黄葛树当作景观树养护，不断攻克技术难题，解决实际问题，依靠树洞修补、冠下环境改良等手段，保证古树继续健康生长，提升人文和园林景观，彰显城市精神内涵。

　　黄葛树古树群有很多民间传说和故事，已成为荣昌独树一帜的城市名片，承载着荣昌人民的乡愁记忆。

▲ 刘　勇 / 摄

▲ 李建友 / 摄

▲ 杜甫草堂博物馆 / 提供

四川杜甫草堂古树群

平均树龄 / 200 ～ 300 年

株　　数 / 98 株

面　　积 / 270 亩

树种类型 / 楠木、樟、银杏占 80%

位　　置 / 四川省成都市草堂街道杜甫草堂博物馆

四川省成都市杜甫草堂博物馆是西蜀古典园林的典型代表之一。草堂园林古朴自然，清幽雅逸，其人文精神与自然景观相互渗透，相互融汇，达到了和谐统一。

博物馆现有挂牌古树名木 98 株，其中，一级古树 2 株，二级古树 51 株，三级古树 45 株，占地 270 亩，是成都市宝贵的植物资源。杜甫草堂博物馆内古树长势良好，具有极高的生态价值和历史文化价值。

博物馆不断建立完善古树名木保护制度，按照"一树一档"要求，建立古树名木图文档案，准确记录位置、树龄、立地条件，并配以照片，定期检查，更新档案资料，实施动态管理。对于单株或成林的古树有针对性地开展复壮工作，单株围挡和成片封林相结合，对古树群进行划片保护，建立保护区。

▲ 徐仁成 / 摄

▲ 李 贫 / 摄

辛夷花古树群
四川绵阳药王谷

平均树龄 / 约 240 年

株　　数 / 62 株

面　　积 / 296 亩

树种类型 / 辛夷占 90%

位　　置 / 四川省绵阳市北川羌族自治县桂溪镇辛夷村

　　辛夷花古树群位于四川省绵阳市北川羌族自治县桂溪镇辛夷村药王谷景区，海拔 1300 米左右。辛夷村共有 5 个古树群，另有 9 株散生古树，是已知最大的古辛夷花聚生地，以此为中心共有辛夷花 3000 余亩。

传说在乾隆年间，药王仙人到药行交货时，发现辛夷根胡须价格很贵，是抢手货，便产生了将此物引进当地栽种的念头。

次年开春伊始，药王仙人就带上行李和银两前往武当寻找辛夷生长地，几番磨难，终是寻到了辛夷树幼苗。在其悉心照料下，树苗最终成活了八九株。药王仙人成功引种辛夷树，为北川桂溪周边辛夷产业发展和百姓生命健康作出了突出贡献，人们尊称他为"药王仙人"。

每年阳春三月，成片的辛夷花竞相怒放，如烟似霞，蔚为奇观，被人们喻为"世界上最壮观的高山花海奇观"。药王景区因独特的景观被认定为"全国第二批森林康养基地""四川最美十大花卉观赏地""四川第二批森林康养基地"，连续 8 年举办了"辛夷花生态旅游节"，辛夷花已成为北川生态旅游的一张新名片，有力地推动着全县森林生态旅游产业发展。

▶ 李贫 / 摄

▲ 王经纬 / 摄

四川峨眉山楠木古树群

平均树龄 / 约 480 年
株　　数 / 220 株
面　　积 / 547.5 亩
树种类型 / 桢楠占 86%
位　　置 / 四川省乐山市峨眉山市黄湾镇仙山村

▲ 李志强 / 摄

峨眉山楠木古树群位于峨眉山景区报国寺至万年寺旅游步道沿线和寺院周围，古树群内楠木森森、古柏遮天、古蕨苔藓如毯覆地，古寺掩映其中。古树耸翠、古寺清幽，古树与古寺相映，现存四大楠木禅林与佛教传说中的古德林、布金林、藏舟林和旃檀林相印证，峨眉山更增几分灵秀之气。古树群是峨眉山的重要景点之一，也是峨眉山开展古树名木生态研学的天然课堂。

为保护这片珍贵的古树林，乐山市人大通过《峨眉山世界文化和自然遗产保护条例》，将古树名木纳入世界遗产核心要素保护范围，不断强化法治宣传教育，明确保护职责和违法责任，开展古树名木体检，完善档案，完成古树公布认定和分级挂牌。

李志强/摄

▲ 剑阁柏 曾正强 / 摄

四川蜀道
翠云廊古树群

平均树龄 / 约 660 年
株　　数 / 17359 株
面　　积 / 1050 亩
树种类型 / 柏木占 99.67%
位　　置 / 四川省广元市剑阁县和绵阳市梓潼县七曲山风景区

　　翠云廊古树群主要涉及广元市剑阁县、绵阳市梓潼县。翠云廊古树群是自秦汉以来历朝历代多次栽植和精心保护而遗存下来的古行道树群，是存世最早、面积最大、数量最多的人工古树林，被誉为"蜀道奇观""森林活化石"，是世界唯一的、不可复制的历史珍品。

　　蜀道古柏树体高大，长势良好，为研究川北地区的古气候、古水文、古地理、古交通、古植被及人类活动变迁提供了基础资料和活体标本。同时它对研究物种起源、物种分类、物种演变以及基因遗传和变异等具有重要的科考价值。古树群里古柏树龄最高达2300 年，树体最高达 27 米，胸围最大达 7.2米，冠幅最大为 21 米。

　　翠云廊这片全世界最大的人工古柏林，之所以能够延续得这么久、保护得这么好，得益于明代开始颁布实行"官民相禁剪伐""交树交印"等制度，一直沿袭至今、相习成风，更得益于当地百姓世代共同守护。

　　据《梓潼县志》《梓潼县林业志》等文献记载，这些古柏中有秦时的"皇柏"、蜀汉时的"张飞柏"、西晋永嘉年间的"晋柏"、宋朝庆元三年的"宋柏"和明朝正德十三年的"李公柏"。

▲ 剑阁柏 苟永雄 / 摄

▲ 帅大柏 苟永雄 / 摄

▲ 张飞柏 苟永雄 / 摄

▲ 魏运辉 / 摄

贵州岩英
楠木古树群

平均树龄 / 约 150 年
株　　数 / 101 株
面　　积 / 5.6 亩
树种类型 / 楠木占 62%
位　　置 / 贵州省黔东南苗族侗族自治州丹寨县兴仁镇岩英村

　　岩英楠木古树群位于贵州省黔东南州丹寨县政府驻地东北部，苗族聚居地，是贵州省最大的楠木古树群落之一。苗族村民从明朝洪武年间迁徙至此，至今有 600 多年的历史。当地村民爱树护林的传统习俗，得以让岩英楠木古树群保存至今。

　　岩英楠木古树群生长在平均海拔 860 米、坡度最陡 40 余度的砂黄壤中，共有大小古树 101 株，其中楠木 63 株，集中分布在寨子中部。古树群中古树胸围最大达 3.4 米，树高最高达 56.9 米，树龄最长为 350 余年，平均树龄在 150 年左右。群落伴生有 13 株榉木、8 株黄连木、1 株红豆杉、10 株枫香等，古树树种有 11 种。

▲ 苗西明 / 摄

▶ 苗西明 / 摄

▲ 汪良鹏 / 摄

云南铁杉古树群

云南兰坪

平均树龄 /	约 440 年
株　数 /	552 株
面　积 /	69 亩
树种类型 /	云南铁杉占 80%、红豆杉占 10%、五角枫占 10%
位　置 /	云南省怒江傈僳族自治州兰坪县河西乡玉狮村

　　云南铁杉为松科铁杉属植物，主要分布于滇西北等地。云南铁杉属于高大乔木，高达 40 米，胸径达 2.7 米；大枝开展或微下垂，枝梢下垂，树冠浓密、尖塔形；主产于西藏南部和云南西北部、东北部及西部景东等地，常在海拔 2300 ～ 3500 米高山地带组成单纯林，或与其他针叶树组成混交林。其木材纹理直，结构细致、均匀，材质坚实，耐水湿，可作建筑、飞机、家具、器具、舟车、矿柱及木纤维工业原料等用材。树根、树干及枝叶均可提取芳香油。

　　云南兰坪县铁杉古树群，位于怒江州兰坪县河西乡玉狮村，是兰坪县境内保存最完整、面积最大的云南铁杉林，具有重要的科研价值。

▲ 和新莲 / 摄

▲ 余丹龙 / 摄

云南贡山
秃杉古树群

平均树龄 / 约 360 年
株　　数 / 850 株
面　　积 / 538.4 亩
树种类型 / 秃杉占 10%
位　　置 / 云南省怒江傈僳族自治州贡山县丙中洛镇甲生村

贡山县丙中洛镇甲生村秃杉古树群，有古树 850 株，平均高度 38 米，平均胸径 1.73 米，平均树龄约 360 年。

丙中洛镇甲生村是全县怒族、藏族、傈僳族等少数民族的主要聚居区。该地区少数民族与森林形成了密不可分的关系，在很早以前便产生了对森林动植物的图腾崇拜。秃山古树群就位于其中一个被划定为"神山"的区域，被村民当作"神树""神林""神木"祭祀。这片区域属于自然保护区，古树群分布范围广，生境差异较大，生物多样性丰富，人为经营活动少。正因如此，古树群在这里长势很好。

在当地人的观念中，"神树""神林"是圣洁的，人们不得在林中穿行，不能在林中狩猎，不能在林中放羊，避免伤害树木，具有浓厚的民族历史文化底蕴。

▲ 余丹龙 / 摄

云南弥苴河古树群

▲ 杨灿华 / 摄

平均树龄 / 约 250 年

株　　数 / 3177 株

面　　积 / 1404 亩

树种类型 / 滇合欢占 53.3%、黄连木占 40.8%

位　　置 / 云南省大理白族自治州洱源县邓川
镇中所、右所、陈官、幸福村、腾
龙村

"苍洱西关路，秋来几往还。一村三渡水，十里九重山。"云南省洱源县弥苴河，横穿过邓川右所坝，巨龙般向洱海中缓缓游去，蔚为壮观。明代种植用于防水固堤的古树参天耸立，如一道巨大的绿色屏风镶嵌在邓川右所坝子中央，绵延数十里。

弥苴河古树群，沿弥苴河两岸分布，共有古树 3177 株，平均树龄约 250 年。据《重修邓川州志》记载，"明万历年间，广植榆柳，禁止砍伐"。自筑河至今，历朝历代官民，谨防不殆，对树木保护有加。历经几百年，两岸护堤上留下了以合欢树为主的古老护堤林带，形成了总长 12.3 公里的弥苴河古树群落。

蓝天白云下，绿树林荫，满眼都是无边的苍绿，人在河堤行走，影子在水中穿梭，古树、河堤、流水千年相依……

▲ 杨灿华 / 摄

云南朱苦拉古咖啡林

平均树龄 / 约 100 年
株　　数 / 1134 株
面　　积 / 13 亩
树种类型 / 咖啡树
位　　置 / 云南省大理白族自治州宾川县平川镇朱苦拉村

▲ 吴松江 / 摄

　　朱苦拉村位于云南省大理州宾川县平川镇，"朱苦拉"彝语名"若客来"，意为弯弯曲曲的山路。

　　云南咖啡的种植历史可以追溯到清光绪三十年（1904 年），据《云南省志·农业志》记载，咖啡树从国外引入云南，首次在宾川县朱苦拉村进行种植。村民自种、自磨、自煮咖啡，保存了完整的咖啡土法加工制作和饮用习惯，并与当地的"彝族打歌""长桌宴"等习俗结合起来，形成了独特的山区咖啡文化。

　　朱苦拉这片古老的咖啡林是中国咖啡的发源地，共有咖啡树 1134 株，占地 13 亩，平均树龄约 100 年，是我国最完整的外来农业物种遗产遗迹。

◀ 吴松江 / 摄

沙棘古树群

西藏错那

▲ 尼玛罗布 / 摄

平均树龄 / 约 200 年

株　　数 / 12000 株

面　　积 / 800 多亩

树种类型 / 沙棘占 99%

位　　置 / 西藏自治区山南市错那市曲卓木乡洞嘎村

　　错那千年古沙棘林位于西藏自治区山南市错那市曲卓木乡，面积 800 多亩，平均胸围 3.28 米。曲卓木乡一带，沿娘姆江河谷分布着大约 2000 多亩的古沙棘林，郁郁葱葱，气势壮观，是中国乃至亚洲沙棘之最。

　　曲卓木乡的沙棘古树群，属于野生柳叶沙棘林，每一株沙棘树都有着几百年的生长历史，当地人称之为"拉辛"，藏语意思为"神魂树"，即魂魄依附的树。

　　古沙棘错综交错的枝条和密密麻麻的纹路，向游人展示着它们的矍铄和沧桑，远远看去就像一群铁骨铮铮的战士，守护着高原。

▲ 次仁朗杰 / 摄

西藏墨脱
不丹松古树群

平均树龄 /	约 200 年
株　　数 /	100 余株
面　　积 /	430 亩
树种类型 /	不丹松占 10%，薄片青冈、喀西木荷、西藏柯、西藏山龙眼、滇藏杜英等共占 90%
位　　置 /	西藏自治区林芝市墨脱县背崩乡格林村

　　墨脱县背崩乡格林村古树群位于雅鲁藏布大峡谷中，独一无二的水热条件形成了当地独特的生态景观。这里保存有我国最大的原始热带雨林，生态系统的原真性和完整性保存极为完好，是诸多野生动植物的完美庇护所。

　　格林村古树群是一片巨树集群区域，平均高度为 50 米，其中有 20 余株高于 70 米的不丹松巨树，目前已知最高的一株，高达76.8 米，树龄超过 200 岁。群落内混生有丰富的薄片青冈、喀西木荷、西藏柯、西藏山龙眼、滇藏杜英等常绿阔叶树。

　　不丹松是松科、松属的常绿乔木，一般高度可达到 50 米以上，是仅分布于东喜马拉雅地区的狭域分布树种，仅生长在我国云南西北部和西藏东南部。

　　古树群所在地的冠层土极度发育，拥有兰科、树萝卜属、芒毛苣苔属等众多特有物种，形成了我国极为罕见的空中花园景观。这片不丹松暖性针阔混交林也是 1950 年里氏8.6 级墨脱大地震的见证者，大部分古树在地震中被震断了树梢，其下游区域生长着因地震破坏再生的 70 年左右不丹松纯林。

▲ 北京大学郭庆隼课题组 / 提供

▲ 北京大学郭庆华课题组 / 提供

▲ 钱加典/摄

▲ 钱加典 / 摄

西藏朗县
核桃古树群

朗县是西藏有名的核桃之乡，所产核桃质地优良，果实中油酸、亚油酸含量较高，是理想的保健食品。品种包括酥油核桃、乌鸦核桃、牦牛核桃、苹果核桃、鸡蛋核桃等。

朗县核桃古树群内有核桃古树 1787 株，平均树龄约 570 年，平均树高 18 米，平均胸围 4.25 米，最大的可以达到 12.55 米。由于多以单株分布，其树冠非常庞大，有的古核桃树冠覆盖面积超过 1000 平方米。群落内大部分古核桃树生长良好，部分古树年结果量超过 1000 千克。

2017 年，朗县核桃古树群以"平均树龄最长"入选"上海大世界基尼斯"纪录，被授予"西藏自治区林芝市朗县古核桃林"称号。

平均树龄 / 约 570 年
株　　数 / 1787 株
面　　积 / 460 亩
树种类型 / 核桃占 100%
位　　置 / 西藏自治区林芝市朗县朗镇巴热村

西藏巴吉
巨柏古树群

平均树龄 / 约 1880 年
株　　数 / 154 株
面　　积 / 300 亩
树种类型 / 巨柏
位　　置 / 西藏自治区林芝市巴宜区八一镇巴
　　　　　吉村

　　世界柏树王园林，位于西藏林芝市
八一镇东南方向约 8 公里处的巴吉村，
是国家 4A 级旅游景区。园内树龄百年
以上的有 154 株，平均树高 44 米，平
均胸径 1.58 米，其中最大的一株被誉为
"世界第一巨柏"，树高 75 米，胸径 5.8
米，距今已有 3239 年的历史，树冠投
影面积 1 亩有余。

　　巨柏是国家一级重点保护野生植物、
濒危树种，也是全世界 5 种稀有柏树之
一。巨柏在藏语称为"拉薪秀巴"，有"生
命柏树""灵魂柏树"之说，被当地群众
当作"神树"。

◀ 米玛吉布 / 摄

陕西黄帝陵
侧柏古树群

平均树龄 / 约 900 年
株　　数 / 81600 余株
面　　积 / 1300 亩
树种类型 / 侧柏、扁柏、圆柏、刺柏
位　　置 / 陕西省延安市黄帝陵保护管理服务中心

▲ 王晓斌 / 摄

陕西省延安市黄陵县古柏群，总面积 3150 亩，其中核心保护区 1300 亩，生长有古柏 8 万余株，其中千年以上古柏 3 万余株，是我国覆盖面积最大、保存最为完整的古柏林，是黄帝陵最有价值的历史遗存、最珍贵的自然与历史景观，也是极其珍贵的特殊文物。其中，以"世界柏树之父"黄帝手植柏最为出名，此树相传为轩辕黄帝亲手所植，距今 5000 余年。

位于陕西黄陵城北的桥山，山体浑厚，气势雄伟。轩辕黄帝的陵冢就深藏在桥山山巅的古柏中。黄帝陵古柏群内不仅古柏的数量多、树龄长，品种也较为齐全，以侧柏为主，还有扁柏、圆柏、刺柏等。郁郁葱葱的古柏群构成了黄帝陵秀丽幽静、苍翠肃穆、充满灵气的自然景观。

陕西药王山
侧柏古树群

平均树龄 / 约 250 年
株　　数 / 19620 株
面　　积 / 670.2 亩
树种类型 / 侧柏占 99%
位　　置 / 陕西省铜川市耀州区药王山管理处

　　药王山林区面积约 2600 亩，林中树木约 7 万株，以天然侧柏为主。其中，古树群面积 670.2 亩，共有古树 19620 株，千年以上古柏 1183 株，平均树龄约 250 年，平均树高 13 米，平均胸径 0.3 米。

　　药王山因我国隋唐时期伟大的医药学家、养生家孙思邈晚年隐居于此而得名。孙思邈著有《千金要方》《千金翼方》等，为后人留下了宝贵的财富，所以人们尊称他为"药王"。

　　据说，孙思邈晚年回归故乡（铜川市耀州区）时年已百岁，他根据当地山势，从南向北种下一行行古柏，后人仿效他也在山上遍栽柏树，才形成了如今这片郁郁葱葱的景象。久负盛名的药王手植柏就坐落在药王山南庵下院，枝条遒劲，疏密有致，与古建筑相映成画。

　　耀州古柏群见证了药王山上的风风雨雨，是前人留给后人的绿色文物，也是耀州区深厚历史文化的一部分。

▶ 铜川市绿委办 / 提供

陕西仓颉庙
古柏群

平均树龄	约 3000 年
株　　数	48 株
面　　积	17 亩
树种类型	侧柏 47 株、国槐 1 株
位　　置	陕西省渭南市白水县史官镇仓颉庙

▲ 史洋军 / 摄

仓颉庙古柏群，位于陕西省渭南市白水县城东北35公里处史官镇史官村，庙内古柏成群，与桥山的黄帝陵古柏群以及山东曲阜孔庙古柏群并称为中国三大古柏群。西北野战军指挥部旧址就位于仓颉庙内。仓颉庙作为颂扬、祭拜文字圣人的场所，成为华夏儿女寻根、铸魂、筑梦、聚心的精神圣地，是中国同类遗迹中唯一一个全国重点文物保护单位，也是唯一一个兼有红色文化的单位。

1949年1月，中国共产党西北野战军第一代表大会在此召开，参加会议的有彭德怀、贺龙、习仲勋等。为了保护好仓颉庙古柏群，彭德怀1949年1月30日发布命令："仓颉庙是国家文物，凡我中国人民解放军西北野战军全体指战员均须切实保护文物古迹，严格禁止攀折树木，不得随意破坏。切切此令！"

庙内登记在册的古树有48株，其中最有代表性的是仓颉手植柏。古柏长势良好，躯干遒劲有力，高耸挺拔，树荫浓密。"古柏千秋秀，庙堂文字香。残碑垂伟业，山水共流芳。"仓颉手植柏与古柏群已成为中华儿女凝聚亲情、文化认同、守望相助的重要文化地标。

▲ 白虎柏 高晓军 / 摄

▲ 二龙戏珠柏 孙贺琳 / 摄

▲ 飞檐走壁柏 高晓军 / 摄

▲ 护庙柏 高晓军 / 摄

▲ 龙首柏 朱建明 / 摄

▲ 青龙柏 高晓军 / 摄

陕西朱家湾
巴山冷杉古树群

平均树龄 /	约 120 年
株　　数 /	390812 株
面　　积 /	35652 亩
树种类型 /	巴山冷杉
位　　置 /	陕西省商洛市柞水县营盘镇朱家湾村

　　柞水县营盘镇朱家湾村的巴山冷杉古树群位于牛背梁地区秦岭山脉东段，占地面积 35652 亩，群内主要树种为巴山冷杉，古树总共 390812 株，平均树龄约 120 年。

　　巴山冷杉生命力顽强，在悬崖上、断壁间，只要有泥土的地方它就会发芽、生根。这份顽强的精神成就了如今绵延千里的巴山冷杉群。这里也是保存完好的天然原始林，其群落的外貌特征、垂直结构等都体现了高山针叶林的特征。因所处地区人为活动稀少，古树群整体保存良好，长势旺盛。

　　茂密的原始森林、清幽的潭溪瀑布、独特的峡谷风光、罕见的石林景观以及漫山遍野的巴山冷杉、杜鹃林带、高山草甸和第四纪冰川遗迹，构成了这里独一无二的高山景观。

▲ 张忠良 / 摄

▲ 宋奇瑞 / 摄

陕西蒋家坝
黑壳楠古树群

平均树龄 / 约 120 年
株　　数 / 43 株
面　　积 / 1.8 亩
树种类型 / 黑壳楠占 80%
位　　置 / 陕西省汉中市西乡县堰口镇蒋家坝村

　　陕西省汉中市西乡县名始于晋太康二年（281 年），因张飞在此地被封为西乡侯而得名。

　　蒋家坝村位于西乡县城东南 13 公里，堰口镇麻石河上游，属巴山山脉，石灰岩地貌，降水丰沛，植被丰富，西乡县黑壳楠木古树群便位于此。群落中有百年以上黑壳楠 43 株，虬枝苍劲，姿态万千，自然繁殖旺盛，无病虫害，群落结构完整，是优质的母树群。

　　适宜的环境孕育出极为丰富的物种，群落中茂林修竹，四时之景各不相同。春有蜂蝶纷飞，夏有蝉鸣幽谷，秋有鸟雀嬉戏，冬有冰凌雪雾，仿若仙人隐居之所。

◀ 梁志荣 / 摄

古梨树群
甘肃皋兰什川

平均树龄 / 约 280 年

株　　数 / 9423 株

面　　积 / 3939 亩

树种类型 / 冬果梨占 50%，软儿梨（香水梨）占 50%

位　　置 / 甘肃省兰州市皋兰县什川镇北庄村、南庄村、长坡村、上车村

▲ 皋兰县古梨园保护中心 / 提供

古梨树群分布在什川镇的北庄村、南庄村、长坡村、上车村，现存面积 3939 亩，树龄百年以上的古梨树有 9423 株，分别为冬果梨和软儿梨（香水梨）两个品种。其中，树龄在 100 ～ 300 年的有 6700 余株，300 年以上的有 2600 余株。古梨树树体高大，生长健壮，平均树龄为 280 年，平均树高 8.8 米，平均胸围 2.28 米，平均冠幅 8.9 米，生长旺盛，平均每株产量超过 500 千克。

距今已有近 500 年的历史，被誉为"黄河明珠"的什川古梨园，孕育了深厚的节会文化、水车文化、农耕文化和黄河文化等，部分已被国家、省、市列为非物质文化遗产，其中古梨树传统管护技艺"天把式"于 2008 年被列入省级非物质文化遗产保护名录。古梨园 2013 年被农业农村部命名为"中国重要农业文化遗产"，获吉尼斯"世界第一古梨园"认证；2014 年 12 月被确立为国家 4A 级旅游景区；2017 年 6 月获"全国人文生态旅游基地"认证。

依托独特的古梨树资源，什川镇按照"镇园一体"的思路，大力推进什川生态文化旅游园建设，着力打造兰州近郊生态文化休闲基地，2022 年被确定为"梨韵什川"城乡融合示范镇。皋兰县政府成立专门的古梨园保护中心，制定古梨园保护发展规划和管理办法，通过摸底建档、信息采集、养护复壮，科学合理利用古梨树资源，传承弘扬古梨园农耕文化。

▲吴 杨／摄

甘肃平凉柳湖公园「左公柳」古树群

平均树龄 / 约 156 年

株　　数 / 146 株

面　　积 / 106.2 亩

树种类型 / 旱柳占 100%

位　　置 / 甘肃省平凉市崆峒区柳湖公园

　　柳湖公园是陇东著名的自然山水园林，以"柳中湖，湖中柳"的独特自然景观著称，"柳湖晴雪"也是平凉八景之一。柳湖公园始建于北宋神宗熙宁元年（1068 年），距今已有 900 多年的历史。公园面积 199 亩，其中湖水面积 56 亩，绿化面积 106.2 亩，园林绿化植物主要以旱柳、油松、侧柏、刺柏、云杉为主。

　　清同治六年（1867 年），陕甘总督左宗棠平定关陇，进而收复新疆，途中率军进驻平凉时，柳湖由于战火，满目荒凉。他依据地形，浚池种荷，沿湖周围栽柳树数千株，人称"左公柳"。柳湖公园的"左公柳"至今尚存活 146 株，是西北保存最为完整、数量最多的"左公柳"古树名木群落，具有极高的生态价值和文化价值。

　　随着树龄渐长，树势变弱、病虫危害等问题成为困扰柳湖"左公柳"的常见病。为了切实保护好"左公柳"，2022 年 4 月，崆峒区柳湖公园综合服务中心组织实施了"左公柳"保护绿化基金扶持项目，对 146 株"左公柳"进行了定位登记、建档入库及枯枝修剪、病虫害防治、复壮施肥，对 40 株空心的树洞进行了抢救性修复。经过科学全面的修复保护，"左公柳"重现昔日风华。

▲ 吴 杨 / 摄

▲ 杨元旺 / 摄

甘肃多松多
大果圆柏古树群

平均树龄 / 约 450 年
株　　数 / 约 40 株
面　　积 / 12 亩
树种类型 / 大果圆柏占 100%
位　　置 / 甘肃省甘南藏族自治州碌曲县双岔镇多松多村

　　碌曲县，位于甘肃省甘南藏族自治州西南部，青藏高原东边缘，甘、青、川三省交界处。悠久的历史孕育了当地独特的风俗民情，有香浪节、娘乃节、南木特藏戏等，都是当地民俗文化的组成部分。

　　在碌曲县多松多村口分布着约 40 株长势旺盛、枝叶繁茂的大果圆柏古树，树龄在 300 ～ 600 年之间，平均树高 32 米，平均胸围 3 米，平均冠幅 14 米，占地 12 亩。

　　古树见证着岁月的流淌，陪伴着一代代村民成长。为了保护好这片古柏群，碌曲县政府为其建档、立牌，并将之列为县级文物保护单位。

▶ 彭新军 / 摄

▲ 王宏林 / 摄

甘肃迭部 小叶杨古树群

平均树龄 / 约 300 年

株　　数 / 800 余株

树种类型 / 小叶杨占 100%

位　　置 / 甘肃省甘南藏族自治州迭部县电尕镇益哇沟口至白云村

　　白龙江，发源于甘肃省甘南藏族自治州碌曲县与四川若尔盖县交界处的郎木寺，在四川广元市境内汇入嘉陵江。河道全长 576 千米，流域面积 3.18 万平方千米。流域内盛行佛教、道教，沿白龙江分布有郎木寺、武都龙华寺等诸多古寺，这让白龙江享有中国西部佛教文化圣河的美誉。

　　在白龙江沿岸长约 25 公里、宽约 2 公里的范围内，分布着由 800 余株小叶杨组成的古树群。群落内古树平均树龄约 300 年，平均树高 25 米，平均胸围 3.5 米，平均冠幅 18 米。

　　这些小叶杨树形千奇百怪，形态各异，有的如龙腾虎跃，有的似耄耋老者，有的如岗哨列兵。小叶杨古树群生长茂盛，树荫浓密，是人们休闲观光、自然写生的理想之地。

▲ 杨星罡 / 摄

▲ 白海元／摄

青海德令哈
祁连圆柏古树群

平均树龄 /	约 500 年
株　　数 /	289 株
面　　积 /	86.4 亩
树种类型 /	祁连圆柏
位　　置 /	青海省海西蒙古族藏族自治州德令哈市

▲ 青海省林学会 / 提供

　　德令哈市祁连圆柏古树群位于青海省海西蒙古族藏族自治州德令哈市古柏园内，共 289 株，平均树龄约 500 年，平均树高 13.2 米，平均冠幅 4 米，平均胸径 0.45 米，占地面积 86.4 亩。

　　祁连圆柏常生于海拔 2600 ～ 4000 米地带的阳坡、半阳坡或半阴坡，耐高寒、干旱，耐热，对土壤要求不严。在柴达木干旱的山峦丘壑中，它们始终葱郁苍翠，葱茏欲滴。古柏群生态系统在涵养水源、固碳释氧、保育土壤、物种保育等方面都有一定的价值。它们是活的文物，是德令哈悠久历史的见证，是海西州的代表，也是青海高原文化的一部分。

▲ 邢生春 / 摄

梨树古树群

青海贵德

平均树龄 / 约 150 年

株　　数 / 35 株

面　　积 / 48 亩

树种类型 / 秋子梨占 24%，新疆梨占 63%

位　　置 / 青海省海南藏族自治州贵德县

　　该古树群位于青海省海南藏族自治州贵德县党校梨园，有古树 35 株，平均树龄 151 年，平均树高 9 米，平均冠幅 8 米，平均胸径 0.71 米，占地面积 48 亩。古树生长环境较好，生长状况旺盛，已挂牌保护。

　　"香风百里梨花雨，莫道高原不江南。"贵德盛产梨，所以这里种了很多梨树。每年四月，梨花盛开似白雪，花香从党校梨园飘出，花香四溢，弥漫在整个古城，吸引着各地游客前来观赏。

▲ 黄剑平 / 摄

青海祁连
祁连圆柏古树群

平均树龄 / 约 260 年
株　　数 / 202 株
面　　积 / 25.3 亩
树种类型 / 祁连圆柏
位　　置 / 青海省海北藏族自治州祁连县

▲ 青海省林学会 / 提供

▲ 青海省林学会 / 提供

　　祁连圆柏是青海特有树种，是青藏高原气候骤变时期产生的树种，是青海高原名副其实的常青树。当地百姓世代流传下来一首诗歌：祁连圆柏上百年，独立峭壁倚天长。江湖朝堂不在意，何知人世有沧桑。在青海，祁连圆柏的知名度很高，原因在于它的枝叶晒干后燃烧时，散发出的独特香味可清神醒脑。

　　祁连圆柏古树群位于青海省海北藏族自治州祁连县境内，共 202 株，平均树龄260 年，平均树高 7.8 米，平均冠幅 9 米，平均胸径 0.4 米，生长状况良好。

宁夏灵武
长枣古树群

平均树龄 / 约 120 年
株　　数 / 17950 株
面　　积 / 2300 亩
树种类型 / 灵武长枣树占 37.64%
位　　置 / 宁夏回族自治区银川市灵武市东塔镇园艺村、果园村

▲ 王思睿 / 摄

▲ 王思睿 / 摄

灵武市位于毛乌素沙地边缘，在长期与沙漠的斗争中，勤劳智慧的灵武人民创造了许多奇迹。灵武长枣作为灵武治沙历史的见证者，已有 1300 年的栽培历史。

在西汉时期，灵州大多为河滩之地，枣子多以酸枣为主。后来，张骞、班超等人出使西域带来葡萄种植、嫁接技术。当地人民不断对枣树进行技术改良，酸枣便逐渐演化为马牙状的长枣。从唐朝开始，灵武长枣就被列为皇室贡品，被誉为"果中珍品"。

2008 年习近平总书记在灵武白芨滩国家级自然保护区考察治沙工作时，栽下一株代表灵武人治沙精神的灵武长枣树，鼓励灵武人民继续发扬治沙精神，为祖国筑牢绿色屏障。

灵武市以长枣古树群落的自然风景为依托打造的集观光、物种资源收集和科研研究于一体的开放式自然景观公园，是展示灵武长枣文化的重要窗口，现已成为灵武市一道独特的景观。

古树群 新疆天山神木园

平均树龄 / 约 150 年

株　　数 / 287 株

面　　积 / 223 亩

树种类型 / 白蜡、白柳、白桑、核桃、新疆杨、圆冠榆

位　　置 / 新疆维吾尔自治区阿克苏地区温宿县吐木秀克镇协合力村

　　天山神木园古树群位于新疆阿克苏地区温宿县天山托木尔峰南侧前山区天山神木园风景名胜区内，拥有古树 287 株。

　　园内古树造型别致，姿态万千：有的曲折盘旋，螺旋生长；有的匍匐在地，犹如龙蛇之状；有的树头与根部相连，分不清哪是根，哪是枝；有的树倒地后，又从根部生出新枝，笔直向上，长成参天大树；有的树根部早已腐朽，而树冠却依然生机勃勃，令人叹为观止。

　　园内"白柳王"，树龄有 1100 年，四条主干倒伏生长，占地 1 亩有余，巨大的身躯中间，形成了一个拱门，游人穿行而过，故称之为"通天门"。此外还有古杏树王、新疆杨"马头树"、神树"龙血树"等。

　　神木园古树群以其独特的自然资源、地理位置及众多的历史神话传说，成为新疆独特的生态、人文和地域性景观，其美丽奇特的自然风光，在国内外享有盛誉，素有"大漠明珠"之美称，是新疆闻名遐迩的旅游胜地。

▲ 王 林 / 摄

▲ 王 林 / 摄

▲ 王 林 / 摄

图书在版编目（CIP）数据

中国古树名木·"双百"古树 / 全国绿化委员会办公室 国家林业和草原局主编 . -- 北京 : 中国
林业出版社 , 2024.1
ISBN 978-7-5219-2577-7

Ⅰ . ①中… Ⅱ . ①全… Ⅲ . ①木本植物－中国 Ⅳ . ① S717.2

中国国家版本馆 CIP 数据核字 (2024) 第 011127 号

中国林业出版社

责任编辑 何 蕊 李 静

出版咨询	(010) 83143580
出版发行	中国林业出版社
	(100009 北京西城区德内大街刘海胡同 7 号)
邮 箱	cfphzbs@163.com
印 刷	河北京平诚乾印刷有限公司
版 次	2024 年 1 月第 1 版
印 次	2024 年 1 月第 1 版
开 本	889mm × 1194mm 1/12
印 张	37.5
字 数	500 千字
定 价	298.00 元